SITZUNGSBERICHTE DER SÄCHSISCHEN AKADEMIE
DER WISSENSCHAFTEN ZU LEIPZIG

Mathematisch-naturwissenschaftliche Klasse
Band 111 · Heft 2

HANS DRISCHEL

ORGANISMUS UND GEOPHYSIKALISCHE UMWELT

Mit 25 Abbildungen und 1 Tabelle

AKADEMIE-VERLAG · BERLIN
1975

Vorgetragen in der Sitzung vom 17. November 1973
Manuskript eingeliefert am 10. April 1974
Druckfertig erklärt am 14. April 1975

Erschienen im Akademie-Verlag, 108 Berlin, Leipziger Straße 3—4

Lizenznummer: 202 · 100/542/75
Gesamtherstellung: VEB Druckhaus „Maxim Gorki“, 74 Altenburg
Bestellnummer: 762 150 9 (2027/111/2) · LSV 1305
Printed in GDR
EVP 7,—

1. Die Beziehungen zwischen der Biologie, der Medizin und den geophysikalischen Wissenschaften sind alt und vielfältig. Da es sich immer recht gut macht, mit den alten Griechen zu beginnen, seien einige Worte von HIPPOKRATES zitiert. Er schrieb in seinem Werk „Winde, Wasser und Gegenden“: „Wer die ärztliche Wissenschaft recht betreiben will, sollte zuerst bedenken, welche Wirkungen von den Jahreszeiten ausgehen, denn die Jahreszeiten sind nicht nur untereinander verschieden, auch gleiche Jahreszeiten unterscheiden sich in ihrem Verlauf.“ — und an anderer Stelle: „Besonders in den Übergangszeiten sollte man auf der Hut sein und erst 10 Tage später die Eingeweide reinigen sowie Ätzmittel oder das Messer zur Anwendung bringen.“ — gewissermaßen die Vorahnung eines medizinisch-meteorologischen Warndienstes. Überhaupt hat man in den alten Zivilisationen intuitiv und empirisch mehr über den Einfluß von Wetter und Klima auf den Menschen gewußt als bis vor kurzem in unserer heutigen Zeit. Die Griechen und Römer verschoben bekannterweise wichtige politische und militärische Entscheidungen, bis die „Wettergötter“ um Rat gefragt waren.

Von den vielen *interdisziplinären Beziehungen zwischen Biologie und Geophysik*, die sich heute in mehrminder profilierten Grenzdisziplinen niedergeschlagen haben, seien einige stichwortartig, ohne Versuch einer Systematik, genannt:

— Paläobiologie und Paläopathologie, unter Einschluß der Evolution von Erde und Biosphäre, Paläozeitmessung, Paläoklimatologie, Paläomagnetismus usw.,

— Biometerologie und Bioklimatologie, Zoologie und Botanik sowie Ökologie der Klimazonen, Agrarmeteorologie, Balneologie usw.,

Biogeophysik und Umweltgeophysik, Probleme der aktuellen Umwelt und ihrer Veränderung durch den Menschen, biologische Belastung und Adaptation an geophysikalischen Stress,

— Aufgabe der Optimierung der Umwelt- und Lebensbedingungen usw.

Besonders interessant und wichtig ist das Studium solcher interdisziplinärer Zusammenhänge im Hinblick auf das *Adaptationsvermögen* einzelner Lebewesen und von Populationen derselben an von außen vorgegebene, auch sich ändernde geophysikalische Bedingungen der Umwelt, heutzutage und in der Vergangenheit. Auf der einen Seite gewinnen solche Kenntnisse große praktische Bedeutung bei der Beurteilung der *Belastbarkeit und Anpassungsfähigkeit* des rezenten Menschen (Arbeits- und Leistungsphysiologie, Höhenphysiologie, Raumfahrt usw.), andererseits sind sie für alle Fragen der *evolutionären Entwicklung des Lebens* auf unserer Erde von entscheidender Bedeutung. Noch brennender wird das Interesse an diesen Problemen, seit der Mensch überall aktiv in den Haushalt der Natur (biologisch, chemisch, physikalisch) eingreift und damit u. U. Fernwirkungen heraufbeschwört, die er wegen mangelnder Kenntnisse nicht voraussieht und die ihm später schwere Sorgen bereiten können.

Fragt man nach den Gründen, warum verläßliches Wissen über die biologisch-geophysikalischen Wechselbeziehungen erst in jüngerer Zeit erlangt werden konnte, so ist auf die besondere *Schwierigkeit der Erkenntnisgewinnung in diesem Bereich* zu verweisen. Handelt es sich doch darum, *Korrelationen zwischen zwei äußerst kompliziert und hierarchisch aufgebauten Systemen* aufzufinden, zwischen dem komplexen System „geophysikalische Umwelt" und dem komplexen System „Organismus". Ein Schema (Abb. 1) – abgewandelt und ergänzt nach Reiter [48] soll dies veranschaulichen. Im Fall A ist eine einfache direkte Koppelung eines einzigen geophysikalischen Elements mit einer bestimmten Empfangsstruktur des Organismus angenommen; sie erfolge über eine zwischen 3–3 wirksame, einsichtige Kausalbeziehung. Bei B ist eine komplexere Koppelung, allerdings noch ohne Berücksichtigung hierarchischer Strukturen vorausgesetzt; zwischen einigen geophysikalischen Elementen und mehreren ansprechbaren organismischen Empfängereinheiten sollen teils gesicherte, teils vermutete Angriffspunkte von Kausalbeziehungen bestehen. Der Organismus reagiere im übrigen auf solche Einflüsse mit einer Reihe von schablonenhaften Antworten A, B, C, D ... X. Im Fall C werden auf beiden Seiten hierarchische Strukturen in symbolhafter Weise postuliert. Durch Interrelationen innerhalb der beiden Systeme erweisen sich die Beziehungen zwischen geophysikalischen Elementen und biologischen Strukturen sowie Antworten der Organismen als äußerst kompliziert. Dabei ist die Möglichkeit einer direkten Beeinflussung höherer Integrationsebenen des Organismus, wie sie beispielsweise bei der Wirkung elektromagnetischer Felder auf das Zentralnervensystem von Tieren vorzuliegen scheint, noch nicht einmal in das Schema einbezogen, ebenso nicht ein unmittelbarer Effekt auf die molekulare Ebene und den Zellstoffwechsel. Eine Inangriffnahme dieser Pro-

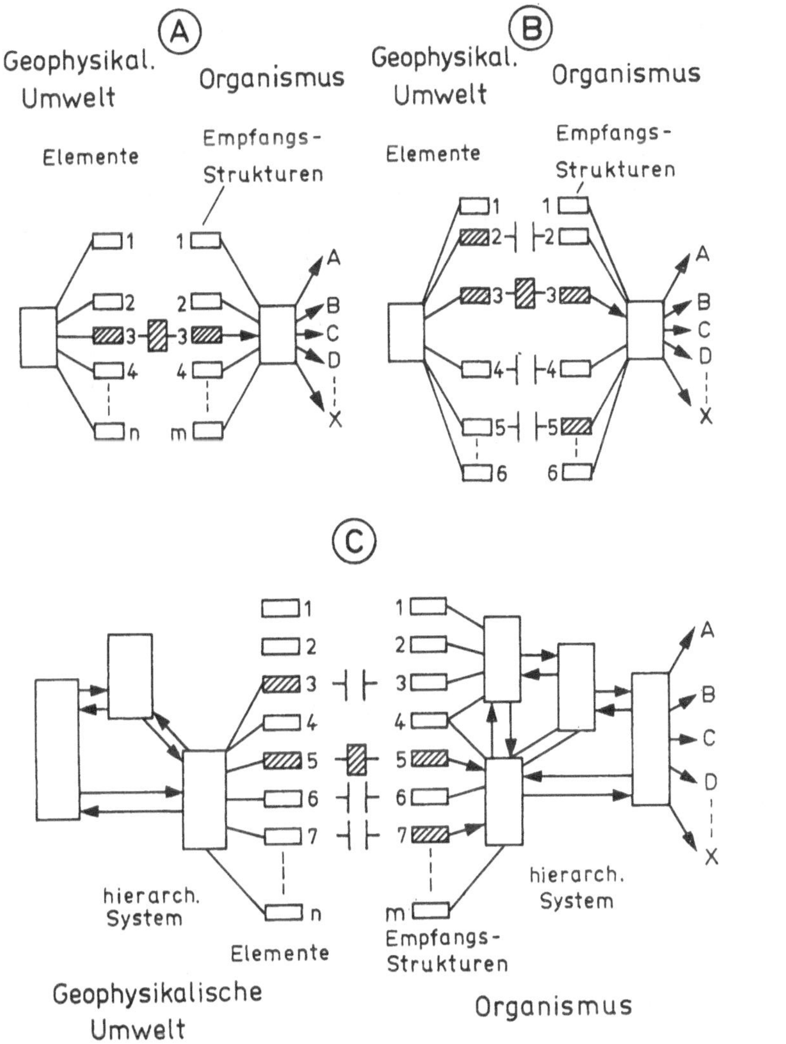

Abb. 1. Schema zur Veranschaulichung des Komplexitätsgrades der Beziehungen zwischen geophysikalischer Umwelt (jeweils links) und Organismus (rechts). A, B und C: zunehmende Komplexitätsgrade. In Anlehnung an REITER [48], erweitert. Nähere Erläuterungen s. Text!

bleme wurde erst möglich, nachdem sich in der ersten Hälfte unseres Jahrhunderts in beiden Bereichen, in Physiologie wie in Geophysik, integrative und synoptische Betrachtungsweisen durchsetzten, die durch die moderne Systemtheorie der letzten 10—20 Jahre ihre natürliche Grundlage erhielten.

Einer grundsätzlichen Erörterung von DE RUDDER [51] folgend, lassen sich insgesamt vier Untersuchungswege als gangbar unterscheiden:

a) Korrelierung *eines bestimmten Lebensprozesses* mit Größe und Änderung *eines diskreten geophysikalischen Elements.* Beispiele: Verhalten der Hautdurchblutung bei Variation der Außentemperatur, Abhängigkeit des arteriellen Blutdrucks vom atmosphärischen Luftdruck. Das zweite Beispiel ist lehrreich: Die hohe positive Korrelation von Luftdruck- und Blutdruckänderungen ist seit langem bekannt; jedoch ist bisher kaum jemand auf die Idee gekommen, hier eine einfache und direkte Beziehung etwa im Sinne eines mechanischen Einflusses anzunehmen. Eine nachgewiesene Korrelation braucht eben noch keine Kausalbeziehung zu bedeuten. Durch die Entwicklung der modernen Rechentechnik ist die Korrelierung möglichst vieler geophysikalischer Elemente mit möglichst vielen organismischen Funktionen neuerdings attraktiv und realisierbar geworden; Aufstellung und Durchrechnung von Korrelationsmatrizen, Faktorenanalyse und andere Methoden sind hier hilfreich.

b) Korrelierung *eines bestimmten Lebensprozesses* mit einem *Ensemble* von Zuständen, Ereignissen und Vorgängen in der *geophysikalischen Umwelt.* Beispiele: Verhalten des Blutdrucks bei Föhn, der Reaktionszeit bei Frontendurchgang. Voraussetzung für die Behandlung ist, daß durch bestimmte ausgewählte, direkte oder abgeleitete „Indikator"-größen das Verhalten des *komplexen Gesamtsystems* „geophysikalische Umwelt" einigermaßen verläßlich erfaßt werden kann. Hier sind in jüngerer Zeit entscheidende Fortschritte erzielt worden.

c) Korrelierung von *Verhaltensweisen des Gesamtorganismus* mit Größe und Änderung *eines diskreten geophysikalischen Elements.* Beispiele: Psychisches Verhalten des Menschen in der Unterdruckkammer, „Behaglichkeit" in Abhängigkeit von der Lufttemperatur. Im Ganzen hat sich ergeben, daß die Suche nach einem *einzigen* wirksamen „biotropen" Faktor der geophysikalischen Umwelt bisher vergeblich war. Beispiel: „Aran"-Hypothese von CURRY [13]. Inzwischen hat sich erwiesen, daß die angeschuldigte Arankonzentration der Luft praktisch identisch ist mit der Ozonkonzentration, die aber eben auch nur *einen* der interkorrelierten atmosphärischen Faktoren darstellt.

d) Korrelierung von *Verhaltensweisen des Gesamtorganismus* mit einem *Ensemble* von Zuständen, Ereignissen und Vorgängen der *geophysikalischen Umwelt.* Beispiele: Anzahl der Selbstmorde in Abhängigkeit vom komplexen Wettergeschehen, Häufigkeit und Art der Krankheiten in bestimmten Klimaregionen. Hier ist die Gewinnung von repräsentativen Indikator- oder Kenngrößen zur Erfassung des Systemcharakters in beiden Bereichen von entscheidender Bedeutung.

BIOLOGISCH WICHTIGE
GEOPHYSIKALISCHE
FAKTOREN

Temperatur
Luftfeuchte
Luftbewegung
Luftdruck
Sauerstoff-Partialdruck
Strahlungsenergie
Schwerkraft
Mechan.Schwingungen
Luftionen
Elektrische Felder
Magnetische Felder

Abb. 2. Die wichtigsten geophysikalischen Faktoren, die den Organismus beeinflussen

2. Betrachten wir nunmehr zunächst das *komplexe System „geophysikalische Umwelt"*! Wir werden uns hier auf eine mehr aufzählende Nennung und Charakterisierung der biologisch wirksamen geophysikalischen Faktoren beschränken (s. Abb. 2). Der Versuch einer Darstellung der bisher erkannten integralen Zusammenhänge würde den Rahmen dieses Vortrags sprengen; wir kommen am Beispiel der „synoptischen" Meteorologie noch einmal auf einen speziellen Fall zurück.

Das den Menschen am meisten in Mitleidenschaft ziehende Element der geophysikalischen Umwelt ist zweifellos die ihn umgebende Temperatur, die *Lufttemperatur.* In unseren Breiten findet sich fast immer ein Temperaturgefälle von unserem Körper nach der Umgebung hin; wir geben als wärmerer Körper ständig in mehr oder minder großem Umfang Wärme über physikalische Mechanismen (Leitung, Konvektion, Strahlung, Verdampfung) an die

Umgebung ab. Viele Einrichtungen des täglichen Lebens, wie Kleidung, Wohnungsbau, Heizung, Raumklimatisierung usw. zielen darauf ab, der Einwirkung dieses Faktors zu begegnen. Der Mensch verfügt, wie alle homoiothermen (gleichwarmen) Lebewesen über ein raffiniertes System der Thermoregulation, welches das Ausmaß der *chemischen Wärmeproduktion* des Körpers einerseits und der *physikalischen Wärmeabgabe* durch die Oberfläche andererseits so aufeinander abstimmt, daß trotz wechselnder Außentemperaturen die Binnentemperatur des Organismus mit 37 °C weitgehend konstant bleibt. Der „Thermostat“ in uns funktioniert so genau, daß bereits Abweichungen von wenigen Zehnteln Grad den Arzt aufmerksam werden lassen. Die Gesetzmäßigkeiten der Thermoregulation sind auch dynamisch relativ gut und vor allem quantitativ bekannt. Über das Anpassungsvermögen an extremale Temperaturbedingungen (Hitze- und Kältestress, Adaptation in der Antarktis z. B.) wird von Arbeitsphysiologie und Bioklimatologie eifrig geforscht.

Die *Luftfeuchte* hat bei mittleren Temperaturen in unseren Bereichen keine sehr große Bedeutung, jedoch unter extremen Bedingungen (feuchte und trockene Hitze, Kälte usw.). Abhängigkeiten der Verdunstung und Schweißabsonderung von der Luftfeuchte — und Temperatur — sind gut untersucht.

Die Wirkung der *Luftbewegung*, des Windes, hat größere, insbesondere klimatische Bedeutung. Denken wir etwa an die verheerenden Auswirkungen einer länger dauernden Windstille über Industrieballungsgebieten mit der Ausbildung des Smog oder an regional-klimatische Veränderungen bei Abholzung größerer Waldbestände. Durch Vermittlung unserer Haut spüren wir den Wind sehr empfindlich als Winddruck bzw. -sog; noch nicht ausreichend abgeklärt erscheint z. B. das Problem der „Zugluft“, etwa hinsichtlich der Auslösung von „Erkältungskrankheiten“.

Während sich die Klimatologie klassischer Prägung vielfach mit der Messung und Beschreibung einzelner Komponenten zufrieden gab, bemüht man sich seit den dreißiger Jahren, „Komplexgrößen“ oder „Summenmaße“ anzugeben, welche *Zusammenhänge* erfassen. Dies findet in Begriffen wie „Abkühlungsgröße“, „effektive“ und „äquivalente“ Temperatur, „Austrocknungsgröße“, „Temperatur-Feuchtigkeits-Diagramm“ usw. seinen Ausdruck; sie gestatten, unter Zusammenfassung von Lufttemperatur, Luftfeuchte, Wind und u. U. Strahlungswirkung Aussagen über so komplexe, auf den ganzen Menschen bezogene Sachverhalte, wie z. B. die „Behaglichkeit“ u. a. m. Diese Begriffe und Größen sind gut definiert und finden im Bauwesen, in der Bekleidungsindustrie, in der Klimatherapie usw. Anwendung; weitere Forschungen auf diesen Gebieten werden durchgeführt.

Hinsichtlich des *Luftdrucks* hat sich immer deutlicher gezeigt, daß von ihm unter normalen Verhältnissen weniger isolierte biologische Wirkungen ausgehen, sondern daß er mit anderen geophysikalischen Elementen im „Akkord" (LINKE, [37]) zusammenwirkt. Interessant sind z. B. die Beziehungen zu Änderungen des erdmagnetischen Feldes im Tages- und Jahresgang (s. u.). Ferner können bei vermindertem Luftdruck die Bodengase, Radon, Methan u. a. in gesteigertem Maße aus dem Boden ausgetrieben werden. Immer wieder ist schließlich — neben statischen und langsam schwankenden Werten — von raschen Luftdruckvibrationen (Periodendauern von $^1/_6$ bis $^1/_{10}$ s sowie 3 bis 15 min mit Amplituden bis zu 4 Torr) die Rede, ohne daß biologische Wirkungen, die vielleicht vom Innenrohr vermittelt werden könnten, bisher geklärt wären.

Der *Sauerstoff-Partialdruck* — streng genommen eigentlich ein geochemisches Element — hat sich bei Anpassung an große Höhen (hier durch Abnahme des Gesamtluftdrucks) als das wesentliche Element (hypoxischer Stress) erwiesen; Sauerstoffmangel löst bestimmte gut untersuchte, akute und chronische adaptive Veränderungen beim Höhenstress aus.

Strahlungsenergie ist nicht nur in Form des sichtbaren Lichts zu berücksichtigen, welches zwar das Leben des Menschen und seine Rhythmik weitgehend bestimmt, sondern auch die Ultraviolett- und Infrarotanteile des Spektrums der elektromagnetischen Wellen. Weiterhin ist davon auszugehen, daß das Organ Auge nicht nur dem Sehen und dem Erfassen von wichtigen optischen Umweltinformationen dient, sondern eine *allgemeinaktivierende* Wirkung des Lichts über das vegetative Nervensystem und das hormonale System vermittelt (BENOIT, [5] HOLLWICH [26] u. a.). Die Strahlenreaktionen der Haut auf UV-Licht mit Pigment-, Vitamin D- und Histaminbildung sowie seine Wirkung auf Blutzusammensetzung, Magensaftsekretion usf. sind weiterhin von Interesse und müssen auch bei der Höhenanpassung — außer Sauerstoffmangel — in Betracht gezogen werden. Der Bereich der „ionisierenden Strahlung", d. h. der Röntgen- und Gammastrahlen und deren Auswirkung auf Organismen, wird heute sehr intensiv durchforscht.

Das gleiche gilt für die Wirkungen der *Schwerkraft* auf die Lebewesen in veränderten Schwerefeldern, wie sie etwa bei Raumflügen auftreten; hier interessieren sowohl akute wie chronische Anpassungserscheinungen.

Mechanische Schwingungen der Erdkruste in Form von mikroseismischen Erschütterungen könnten von biologischer Bedeutung sein; für den Aal ist z. B. ein der Orientierung dienender Effekt von Schwingungen mit einer Frequenz von etwa 6 bis 8/s und einer Amplitude von 1 bis 20 µm nachgewiesen. Beachtenswert sind in diesem Zusammenhang auch die von ROHRACHER [50] entdeckten *mechanischen Mikroschwingungen* beim Menschen, die mit einer Frequenz von 6 bis 12/s am gesamten Körper nachzuweisen sind und möglicherweise Korrelate in der 10 Hz-Bande der Vibrationen der Erdoberfläche und der 10 Hz-Schwingung des elektromagnetischen Erdfeldes besitzen. Schließlich sei auf mechanische Schwingungen im Schall- und Ultraschallbereich im Boden, Wasser und Atmosphäre hingewiesen.

Die Auswirkung von *Luftionen* — bis zu 10000 pro ml, positiv oder negativ geladen, Klein-, Mittel- und Großionen — auf einzelne Zellen Bakterien, sonstige Lebewesen und den Menschen erscheint nach wie vor recht umstritten; die moderne Aerosolforschung beschäftigt sich mit diesen Problemen. Ein Überwiegen von negativen Ionen erzeugt typische Veränderungen an der Schleimhaut der Atemwege. Neuerdings konnte gezeigt werden, daß durch Einatmen ionisierter Luft der Sauerstoffgehalt des menschlichen Blutes zunimmt, verbunden mit einer Abnahme von Herzfrequenz und Blutdruck. Die Wirkung der Luftionen soll nach KRUEGER [34] (Mäuse-Versuche) über den 5-Hydroxytryptamin-Mechanismus erfolgen.

Elektrische Felder können als statische oder pulsierende Felder auftreten. Biologische Effekte elektrischer Gleichfelder sind immer wieder behauptet worden, z. B. Bakterienhemmung, vegetative und psychische Wirkungen beim Menschen, erscheinen aber noch von stark spekulativem Charakter und konnten statistisch meist nicht abgesichert werden. Demgegenüber mehren sich in letzter Zeit Befunde, die eine biologische Wirksamkeit elektrischer Wechselfelder unter Beweis zu stellen scheinen.

Das gilt ganz besonders auch für *magnetische Felder*, die von jeher das Interesse von Biologen und Medizinern angezogen haben. Die neuere geophysikalische Forschung konnte zeigen, daß neben den langwelligen „Variationen" des erdmagnetischen Feldes (Periodendauer über 10 min) auch ein Spektrum kürzerwelliger *„Pulsationen"* existiert (bis zu $^1/_5$ s Periodendauer, s. Tab. 1), aus dem besonders die „giant pulsations" wegen ihrer auffallend großen Amplitude (1 bis 10 Gamma) und Periodendauern zwischen $2^1/_2$ und 10 min interessieren dürften. Beziehungen zwischen gröberen Störungen des erdmagnetischen Feldes, z. B. magnetische Stürme, die ihrerseits von Sonneneruptionen ausgelöst werden, und dem Eintritt bestimmter Erkrankungen und Ereignisse beim Menschen sind seit längerer Zeit vermutet und z. T. statistisch belegt worden (BERG [7], REITER [48] u. a.). In den letzten 10 bis 15 Jahren häufen sich Beobachtungen und experimentelle Befunde, die über biologische Effekte von rotierenden bzw. *pulsierenden magnetischen Feldern* berichten, und zwar sowohl auf die molekulare Ebene, Zellstoffwechsel, Zellwachstum und -ersatz bei Tieren und Pflanzen, wie auch auf den Stoffwechsel bei höheren Tieren, Kreislaufreflexe, motorische Aktivität und komplexe Leistungen des Gehirns wie Elektroenzephalogramm, Lernen, Gedächtnisbildung usw.

Es ist anzunehmen, daß der Organismus sich auf einer frühen Stufe der Evolution an die Änderungen der elektromagnetischen Felder seiner Umwelt angepaßt hat und diese nunmehr als regulierende Informationsquelle benutzt. Darauf deutet auch die besonders *hohe Empfindlichkeit des Nervensystems* höherer Organismen gegenüber elektromagnetischen Feldern unterschiedlicher Frequenz hin. Weibliche Albinoratten, die in einem Labyrinthexperiment lernten, wurden hohen Feldstärken von elektromagnetisch pulsierenden Feldern (3 nano-Sekunden-Impulse) ausgesetzt; es wurden Störungen an den Tieren beobachtet, die kürzlich gelernte Aufgabe zu bewältigen. Albinoratten, die für 21 bis 30 Tage rotierenden magnetischen Feldern ausgesetzt waren (0,5 Hz, 50 Gauss), zeigten eine signifikant höhere Bewegungsaktivität gegenüber den Kontrollgruppen, ferner einen höheren Wasserkonsum, sowie Abnahme des relativen Schilddrüsengewichts und eine Zunahme des relativen Hodengewichts. Hochfrequente elektromagnetische Felder rufen bedingte Gefäßreflexe beim Menschen hervor, ferner signifikante EEG-Veränderungen beim Kaninchen sowie Veränderungen der Speichelabsonderung beim Menschen.

Keimlinge von Senfsamen, die in einem magnetischen Feld rotierten, wachsen schneller als Kontrollkeimlinge; ruhende Keimlinge im magnetischen Feld wachsen langsamer. Neuerdings sind in der Sowjetunion Versuche gemacht worden, Saatgut elektromagnetischen Feldern auszusetzen; es zeigte sich z. B. bei derart vorbehandelten Maissorten, daß die Erträge von 19,37 dt je Hektar auf durchschnittlich 30,68 dt gesteigert werden konnten; Reissamen zeigte eine ähnlich gesteigerte *Erhöhung der Keimfähigkeit.* Ferner ergab sich, daß eine erhebliche Einsparung von Dünger möglich wurde. Starke magnetische Felder (größer als 1500 Gauss) scheinen die Zell-Rotation, das Wachstum tierischer und pflanzlicher Gewebe wie auch von Krebszellen zu beeinflussen. Es sei hier auch an den PICCARDI-Effekt [44] erinnert, eine Fällungsreaktion von kolloidaler Wismutchlorid-Lösung in vitro unter Einwirkung elektromagnetischer Felder. Auch bei Gammaglobulinen sind Veränderungen der Aktivität nachgewiesen worden.

Auch die erstaunlichen *Navigations- und Orientierungsleistungen* mancher Tiere haben neuerdings einen unerwarteten Aspekt erhalten. So konnte die bereits vor einiger Zeit ausgesprochene Vermutung, daß sich Aale bei ihren längeren und komplizierten Laichwegen z. B. zum Sargassosee mit Hilfe des erdmagnetischen Feldes über Magnetrezeptoren orientieren, jüngst durch interessante Experimente von sowjetischen Forschern bekräftigt werden. Es wurde ein Labyrinth aus Gängen benutzt, die in wabenförmigen Sechsecken angeordnet waren, so daß das Tier nach einer bestimmten Wegstrecke jeweils zwei gleichwertige Wegentscheidungen zu treffen hatte. Während bei sonst völliger Isotropie aller physikalischen und chemischen Faktoren, aber erhaltenem Einfluß des erdmagnetischen Feldes die Bewegung der Tiere in diesem Labyrinth mit deutlicher Bevorzugung *einer* Richtung erfolgte, wurde bei Kompensation des magnetischen Erdfeldes durch das Feld eines HELMHOLTZ-Ringes diese Bevorzugung aufgehoben, und die Bewegungen der Tiere erfolgten in allen Richtungen gleich wahrscheinlich; die Orientierungsmöglichkeit nach dem Magnetfeld der Erde war weggefallen. Darüber hinaus ist mit PRESMAN [45] eine *Informationsübertragung* von Lebewesen zu Lebewesen mittels elektromagnetischer Schwingungen geeigneter Frequenz im Sinne einer Radarorientierung denkbar (Vogelflug, Fischschwärme usw.?). An Erklärungsmöglichkeiten für zweifelhafte parapsychologische Phänomene soll hier nicht gedacht werden.

3. Bei der Auseinandersetzung des Organismus mit seiner geophysikalischen Umwelt handelt es sich letzten Endes um das allgemein-biologische Problem der „*physiologischen Adaptation*". Unter dieser wird mit PROSSER [46] die *Fähigkeit* der Organismen verstanden, in einer speziellen, auch sich ändernden Umgebung *zu überleben*. Es bezieht sich dies sowohl auf das einzelne Individuum wie auch auf Populationen; z. T. ist diese Fähigkeit durch Selektion genetisch fixiert, z. T. wird sie durch individuelle Erfahrung und Lernprozesse, d. h. durch Informationsspeicherung erworben. Andererseits läßt sich mit ASHBY die physiologische Adaptation als ein Ergebnis jenes Vermögens der höheren Lebewesen verstehen, die *Homoeostase* oder Stabilität im Inneren gegenüber den Umwelteinflüssen aufrecht zu erhalten, auch bei Änderung derselben. Dies führt zur Normalisierung und Kompensierung z. B. bei Stress-Exposition. Steuerungsmechanismen, die nach dem *feed-back-Prinzip* funktionieren, bewirken dies sowohl auf zellulärer wie auf integrierter Ebene.

Einer weit verbreiteten und sehr plausiblen Ansicht zufolge haben sich lebende Strukturen durch Synthese organischer Verbindungen unter Einwirkung der solaren Strahlung zuerst im Meerwasser entwickelt. Das vielzitierte „Urmeer" mit seiner gewaltigen Kapazität und Pufferfähigkeit garantierte stabile Bedingungen hinsichtlich Temperatur, osmotischem Druck, Ionenzusammensetzung, pH-Wert usw. und stellte an primitive Einzeller keine sonderlich großen Anforderungen an die *Adaptationsfähigkeit*. Bei hochentwickelten Lebewesen ist dies anders: beim Menschen z. B. ist das „Weltmeer", d. h. die unmittelbar die Körperzellen umspülende

Flüssigkeit (Blut plus interstitielle Flüssigkeit) auf ca. 15—18% des Körpergewichts beschränkt. Dieses Volumen ist zu klein, als daß Änderungen in der Zusammensetzung, wie sie im Gefolge von Aktivitätssteigerungen und Umwelteinflüssen auftreten, nicht die differenzierten und damit empfindlichen Körperzellen tangieren würden. Das „innere Milieu" muß also — entsprechend dem genialen Konzept von Cl. Bernard aus dem vorigen Jahrhundert — konstant gehalten werden, um höheren Lebewesen ein freies Leben auf der Erde zu gewähren. Sie benötigen besondere Regulationsmechanismen, welche die *Homoeostase* (W. B. Cannon [10]) aufrechterhalten.

In Abbildung 3 ist grobschematisch der Unterschied im Verhalten innerer physiologischer Parameter (Ordinate) in Abhängigkeit von Änderungen äußerer Zustandsbedingungen (Abscisse) dargestellt. Links: Für Organismen, die über *keine* Homoeostase verfügen; sie stehen jeweils, den steady state betreffend, in Übereinstimmung mit ihrer Umgebung und werden als „Konformer" oder „Poikilo-Organismen" bezeichnet. So nimmt z. B. ein wechselwarmes Lebewesen wie der Frosch nach einiger Zeit die Temperatur seiner Umgebung an; er wird damit aber hinsichtlich der Intensität seines Stoffwechsels, der Erregbarkeit seiner nervösen Strukturen usw. ein „Spielball" der Umwelt. Demgegenüber zeigen Lebewesen (rechts), die über Regulationsmechanismen zur Aufrechterhaltung des inneren Milieus verfügen, eine bemerkenswerte *Konstanz der internen Parameter* über einen

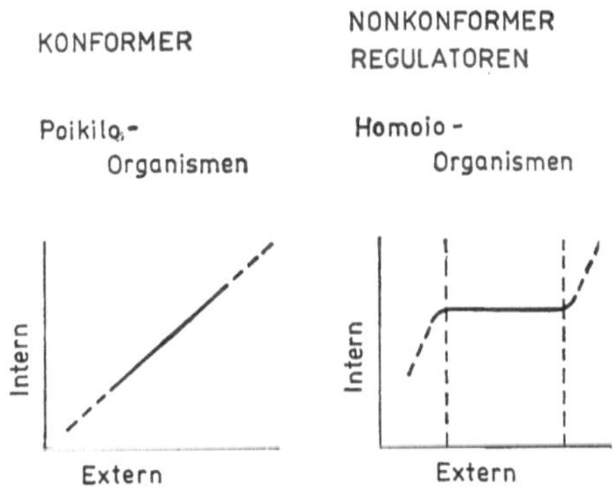

Abb. 3. Abhängigkeit interner Parameter des Organismus (Ordinate) von äußeren Umweltbedingungen (Abszisse). Links: Konformer oder Poikilo-Organismen, rechts: Non-Konformer mit Regulation, Homoio-Organismen. In Anlehnung an Prosser [46]. Nähere Erläuterungen s. Text!

relativ weiten Bereich wechselnder externer Gegebenheiten. Solche „Homoeo-Organismen“ werden auch „Non-Konformer“ genannt.

An einem konkreten Beispiel sei dies anschaulich gemacht. Der mehrminder perfekt ausgebildete „Thermostat“ homoeothermer Lebewesen ermöglicht eine starke *Verbreiterung* des Temperatur-Adaptationsbereiches. Die Maus vermag zwischen ungefähr 0 und 40 °C Außentemperatur zu überleben, der Hund von −20° bis +40 °C und der Mensch, der zusätzlich technologische Mittel (Kleidung, Abschirmung, Heizung usw.) einsetzt, von etwa −60° bis +60 °C auf der Erdoberfläche; neuerdings sind im Weltraum die Grenzen noch weiter hinausgeschoben worden. Der Überlebens- und Selektionsvorteil einer solchen evolutionären Erwerbung für das Lebewesen liegt auf der Hand.

4. Lassen Sie uns nun weiter zu einer kurzen Betrachtung des reagierenden Partners übergehen, des *komplexen, hierarchischen Systems „Organismus“*! Die homoeostatischen Mechanismen, die wir als Voraussetzung für eine erfolgreiche Adaptation erkannt hatten, werden realisiert durch das autonome oder *vegetative Nervensystem* und das *hormonale System*, den nervalen und humoralen Integrator des Körpers. Nur zu einem Teil können direkte Einflüsse etwa auf die Zusammensetzung der Körpersäfte oder auf dem Zellniveau (Struktur, Zellstoffwechsel) angesetzt werden. Um hier Anschaulichkeit zu gewinnen, seien einige bildliche Darstellungen gezeigt.

Die zentrale und oberste Instanz des vegetativen Nervensystems der höheren Tiere, allerdings mit vielseitigen Beziehungen zu allen übrigen Teilen des Zentralnervensystems, auch der Hirnrinde, ist die *hypothalamische Region im Zwischenhirn*. Blicken wir auf die Innenfläche des durch Längsschnitt in zwei Hälften geteilten Gehirns, so findet sich die genannte Gegend etwa an der mit A. C. bezeichneten Stelle (Abb. 4). Bei stärkerer Vergrößerung (Abb. 5) finden wir hier in der Wand des Ventrikelhohlraumes eine Ansammlung von Nuclei oder Kernen, auf deren spezielle Bezeichnungen wir hier nicht näher eingehen wollen (Abb. 6). Die Kerne stellen kompakte Massen von grauer Hirnsubstanz dar, d. h. werden von Ganglienzell- oder Neuronenkomplexen gebildet, welche die komplizierten Regulationsprozesse vermitteln. Dem Schweizer Physiologen und Nobelpreisträger W. R. HESS [22] verdanken wir einen wundervoll detaillierten funktionellen *Atlas der hypothalamischen Region*, der auf Grund von zahllosen Reiz- und Aussschaltungsversuchen im Tierexperiment entstanden ist. Das bereits erwähnte Wärmeregulierungszentrum befindet sich gleichfalls in dieser Gegend; andere Zentren zur Regulierung der Nahrungsaufnahme, des Stoffwechsels, des Wasser- und Salzhaushalts usw. fassen wichtige Funktionskomplexe auf höchster Integrationsebene zusammen und dienen einerseits der Konstanthaltung des inneren Milieus, andererseits bestimmen sie das Gesamtverhalten des Organismus bei seiner Auseinandersetzung mit der Umwelt. Es bestehen enge Beziehungen zu Trieb- und Instinkthandlungen sowie zu den emotionalem Reaktionen des Menschen.

Die genannten Zentren empfangen zahlreiche Informationen von inneren und äußeren Rezeptorfeldern und geben ihrerseits Befehle an untergeordnete Instanzen im verlängerten Mark und Rückenmark weiter (Abb. 7). Diese leiten die Informationen über die peripheren vegetativen Nerven an die inneren Organe. Beide *Partner des autonomen Nervensystems*, Sympathikus und Parasympathikus, versorgen im allgemeinen die Organe doppeltantagonistisch. Auf die verwirrende Vielfalt der detaillierten Leistungen, wie sie in der Abbildung 7 dargestellt sind, wollen wir im einzelnen nicht eingehen. Auch hier hat uns HESS [22] ein ungemein praktisches Konzept an die Hand gegeben, indem er die vegetativen Partner nach ihren integralen Aufgaben und *Funktionszielen* innerhalb des Gesamtorganismus charakterisierte: Der Sympathikus ist das *„ergotrope" System*, welches auf Energieentfaltung gerichtet ist, die muskuläre Leistungsfähigkeit des Körpers fördert, die Sinnesorgane schärft, kurz: den Organismus für Kampf oder Flucht fit macht. Umgekehrt dient der Parasympathikus als *„trophotrop-endophylaktisches" System* der Wiederauffüllung verausgabter Energiereserven, der Ernährung, Verdauung, der Erholung, dem Schlaf und der Betriebsökonomie. Das Verhältnis der beiden Partner ist nach HESS als ein Miteinander, als „Synergismus" zu interpretieren.

Die engen *funktionellen Beziehungen zwischen* der Zentralstelle des vegetativen Nervensystems, dem *Hypothalamus, und* der Zentralstelle des hormonalen Systems, der *Hypophyse* (oder Hirnanhangdrüse) stellen sich nach neueren Forschungen wie folgt dar (Abb. 8): Nervenzellen bestimmter hypothalamischer Kerne besitzen die Fähigkeit zur „Neurosekretion"; sie bilden hormonähnliche Substanzen, als „releasing factors" bezeichnet, die entlang den Neuriten dieser Ganglienzellen wandern und ein im Hypophysenstiel gelegenes Kapillarnetz erreichen. Mit dem Blut desselben gelangen sie von dort aus an die eigentlichen hormonproduzierenden Zellen des Hypophysenvorderlappens und veranlassen diese zur Abscheidung der verschiedenen HVL-Hormone, des thyreotropen Hormons (die Schilddrüse zur Sekretion ihres Hormons anregend), der Keimdrüsen-stimulierenden Hormone, des ACTH und des Somatotropins (Wachstums- und Stoffwechselhormon). Von besonderer Bedeutung für die *Stress-Adaptation* ist die Abscheidung von ACTH (adenocorticotropes Hormon) durch die Hypophyse, welches die Nebennierenrinde als abhängige endokrine Drüse stimuliert und diese zur Abgabe ihrer eigenen, der Nebennierenrindenhormone bringt. Diese ihrerseits entfalten nicht nur lebenswichtige Effekte auf die Körperfunktionen, sondern wirken auf dem Wege des Blutkreislaufs auf die Hypophyse zurück. *Hypophyse und Nebennierenrinde* bilden einen geschlossenen, negativ-rückgekoppelten Wirkungs- oder *Funktionskreis*.

Schematisch stellt sich dies wie folgt dar (Abb. 9): Der Mechanismus funktioniert im Sinne einer *automatischen Selbststabilisierung der Nebennierenrindenfunktion*. Erniedrigt sich die Konzentration der NNR-Hormone im Blut, so wird mehr ACTH durch die Hypophyse abgegeben mit dem Ziel, die NNR-Hormonkonzentration im Blut wieder zu erhöhen, und vice versa. Beim *Stress* arbeitet das ganze System, weil dies zur Abwehrleistung notwendig ist, gewissermaßen auf einem höheren Niveau; es findet eine *Sollwertverstellung* statt: größere Mengen von NNR-Hormonen als sonst sind erforderlich, um die ACTH-Abgabe zu drosseln. Dies führt zu einer *obligaten Erhöhung* des NNR-Hormonspiegels im Blut und zu einer typischen Gewichtszunahme der Nebennierenrinde mit allen Zeichen einer Überfunktion.

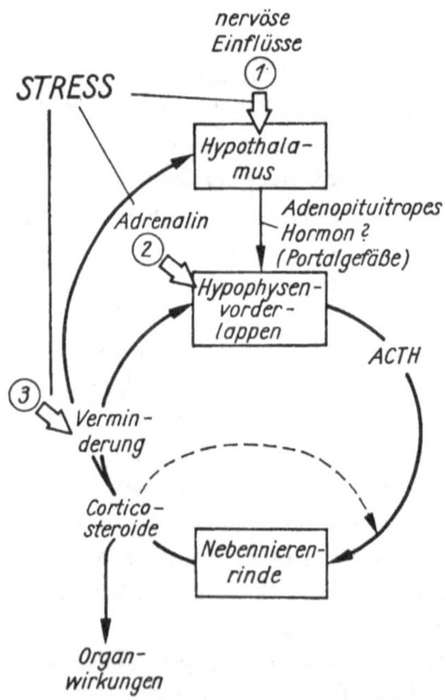

Abb. 9. Schema des Hypophysen-Nebennierenrinden-Systems und seiner Rolle bei der Stress-Überwindung

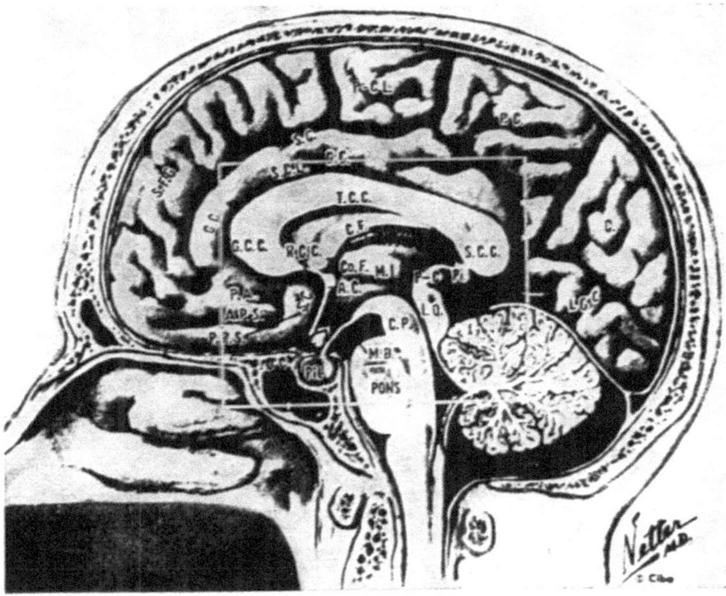

Abb. 4. Blick auf die Innenfläche des sagittal geteilten menschlichen Gehirns. Aus: NETTER [41]

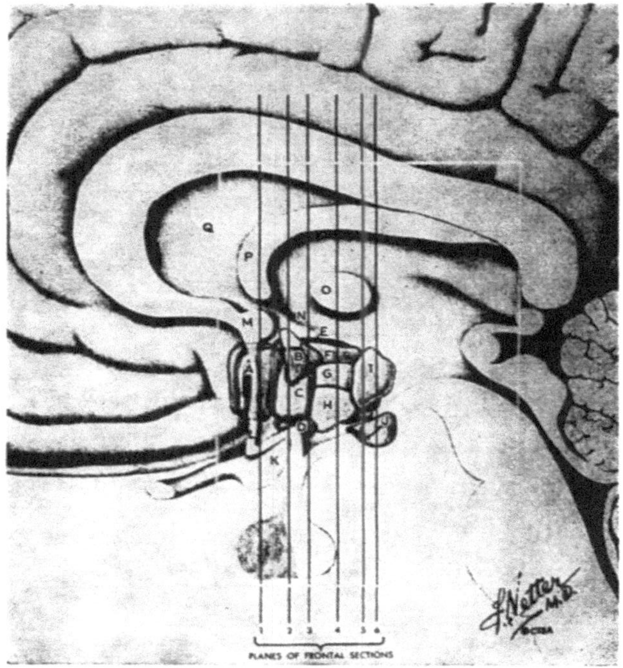

Abb. 5. Allgemeine Topographie der hypothalamischen Region (Dienzephalon). Bezeichnungen s. Abb. 6. Aus: NETTER [41]

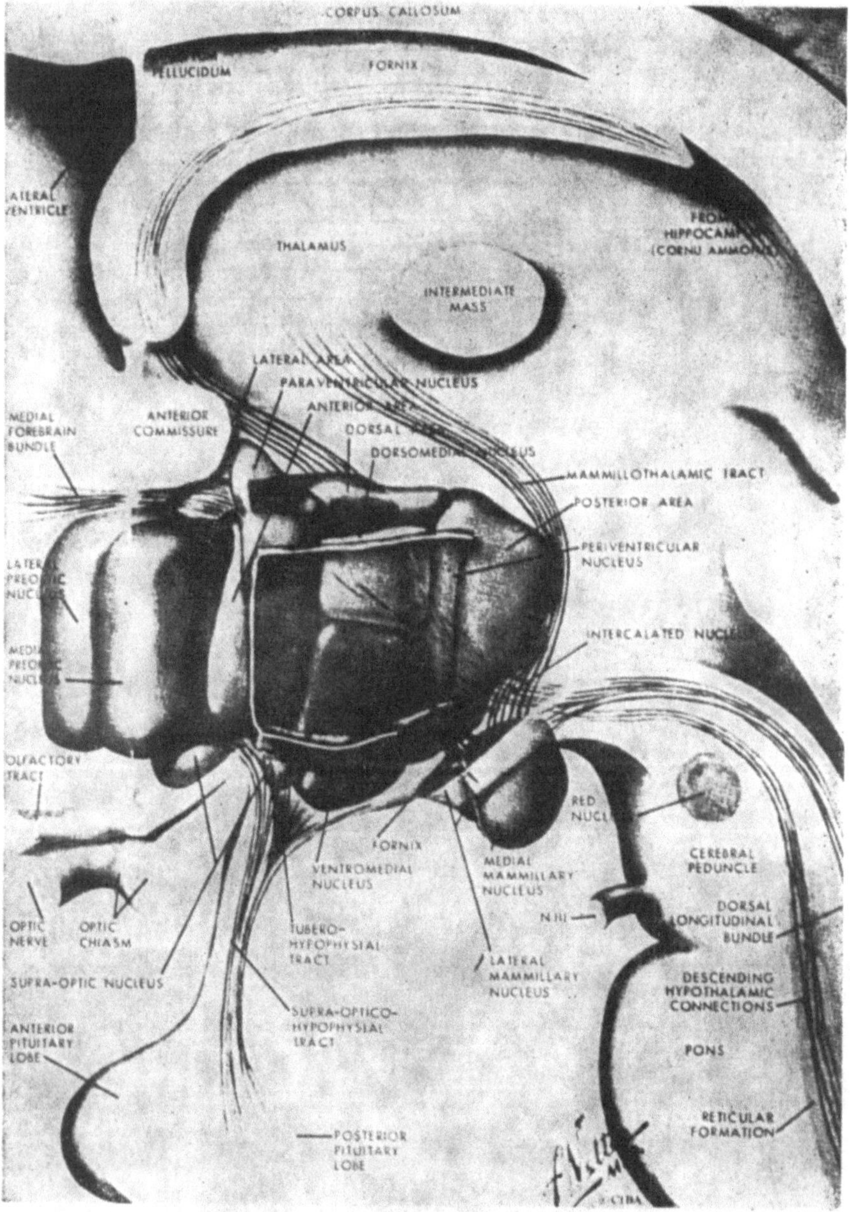

Abb. 6. Schematische, dreidimensionale Rekonstruktion des Hypothalamus. Aus: NETTER [41]

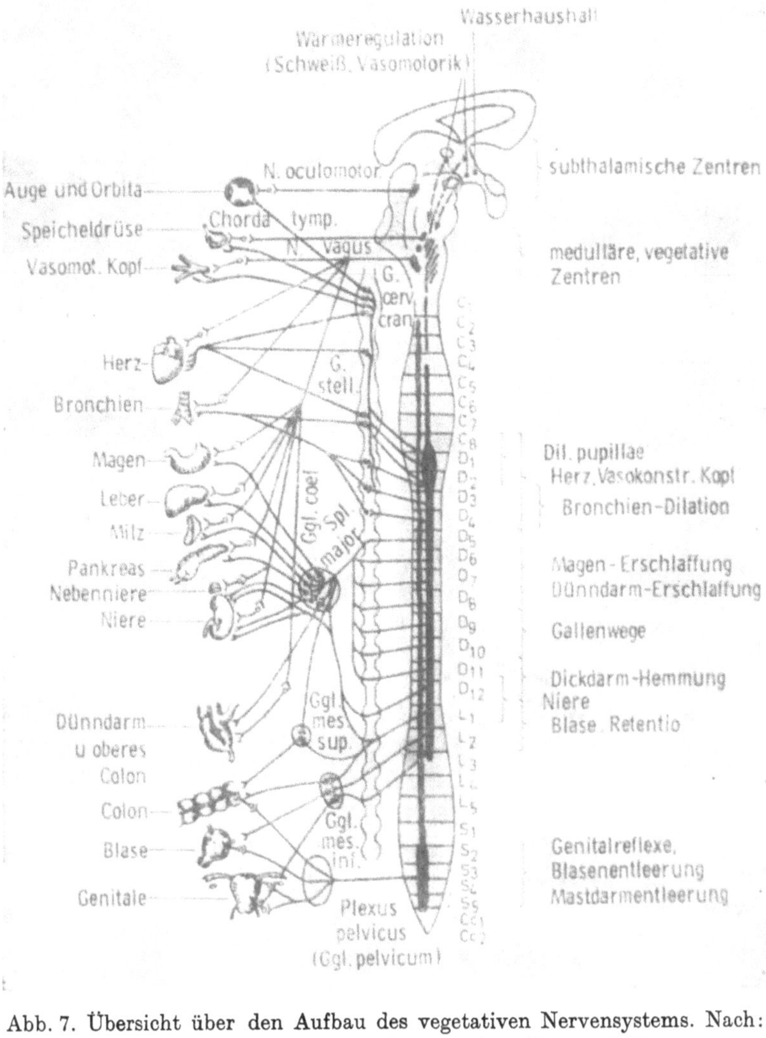

Abb. 7. Übersicht über den Aufbau des vegetativen Nervensystems. Nach: Meyer und Gottlieb, modifiziert. Aus: Keidel [29]

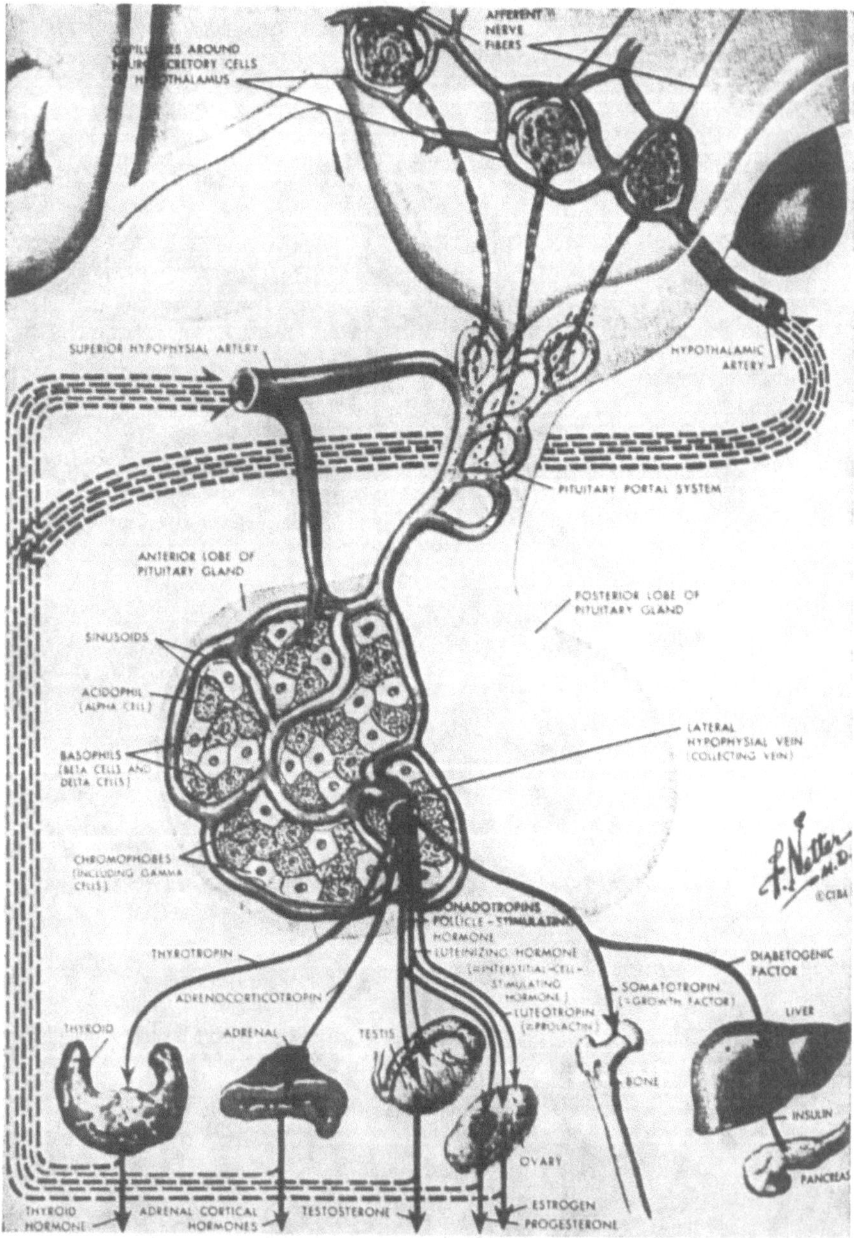

Abb. 8. Beziehungen des Hypothalamus zum Hypophysenvorderlappen und die wesentlichen endokrinen Leistungen der Hypophyse. Aus: NETTER [41]

Die Stress-Situation kann durch nervale Einflüsse über eine Alarmierung des vegetativen Nervensystems, durch vermehrte Adrenalin-Ausschüttung (z. B. bei Furcht) oder durch eine vorübergehende Senkung des NNR-Hormonspiegels ausgelöst werden.

Man sollte eigentlich meinen, daß die *Dynamik* dieses komplizierten *hypothalamo-hypophysären Steuerungs- und Adaptationssystems* außerordentlich mannigfaltig und spezifisch unterschiedlich sei. Das Gegenteil ist aber der Fall: Als Antwort auf ganz verschiedenartige Stresseinwirkungen, z. B. Krankheit, Infektion, körperliche Anstrengung, Narkose, Operation, Schwitzbad, Hitzestress, Höhenstress, durchwachte Nacht, künstliches Fieber usw., aber auch bei zentralnervösen Reizzuständen wie Elektroschock, Blutung in das Gehirn oder die Hirnventrikel, tierexperimentellen Eingriffen usw. findet sich ein *stereotyper, „schablonenhafter" Reaktionsablauf*. Für das vegetative Nervensystem konnte der Kliniker F. Hoff [25] an Hand von sorgfältigen Untersuchungen über die Zusammensetzung des Blutes (chemische Bestandteile, weiße Blutzellen) das *Prinzip der „vegetativen Gesamtumschaltung"* aufstellen (Abb. 10 oben). Es handelt sich um einen dreiphasischen zeitlichen Ablauf mit 1. kurzer parasympathischer Vorphase, 2. sympathischer Hauptphase und 3. parasympathischer Nachphase. Diese stereotype Reaktionsdynamik im vegetativen Nervensystem stimmt weitgehend mit der Konzeption des *„allgemeinen Adaptationssyndroms"* von H. Selye [52] überein, der bei seinen Untersuchungen über

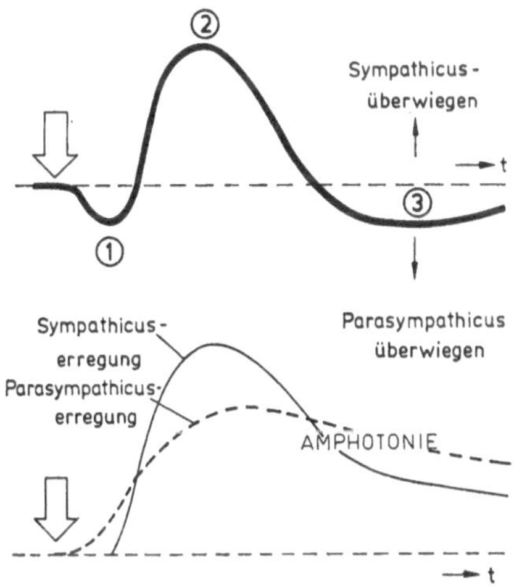

Abb. 10. Dreiphasen-Schema der vegetativen Gesamtumschaltung

den unspezifischen Hintergrund des Krankheitsgeschehens mehr die Bedeutung des hormonalen Systems in den Vordergrund stellte. Er unterschied als Stress-Antwort 1. eine Alarmreaktion, 2. das Stadium des Widerstandes und 3. das Stadium der Überwindung oder evtl. der Erschöpfung; letzteres kann zu Adaptationskrankheiten führen. Man tut gut, beide Konzepte zu vereinigen, wobei Akzentverlagerungen wohl vorwiegend in der Zeitskala der Stresswirkungen zu suchen sind.

5. Nachdem wir nun von beiden komplexen Systemen „geophysikalische Umwelt" und „Organismus" einen gewissen Eindruck erhalten haben, sollen im weiteren Teil meiner Ausführungen — ohne Vollständigkeit anzustreben — einige wesentliche *wissenschaftliche Vorgehensweisen beim Studium biologisch-geophysikalischer Beziehungen* angedeutet werden. Dazu mag ein Schema dienen (Abb. 11): Links sind jeweils Zustände bzw. zeitliche Änderungen geophysikalischer Gegebenheiten dargestellt, rechts die entsprechenden Reaktionsweisen des Organismus. Bei 1. handelt es sich darum, daß seit verhältnismäßig langer Zeit bestehende Gleichgewichte bei unterschiedlichen geophysikalischen Bedingungen, z. B. Temperatur, Meereshöhe, in ihrer *stationären* Auswirkung auf die Lebewesen untersucht

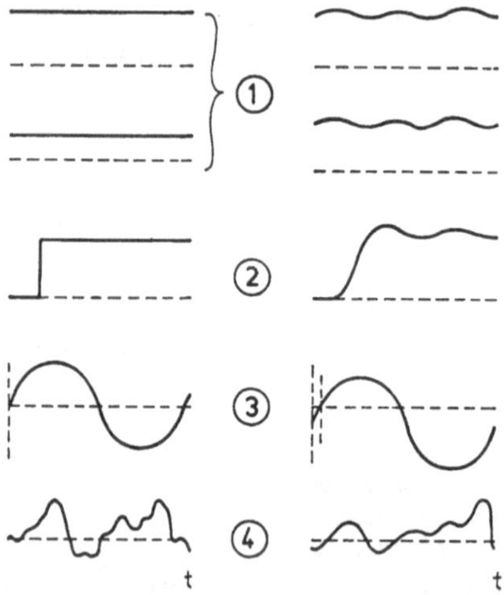

Abb. 11. Beispiele für prinzipielle Zugangswege zum Studium der Beziehungen zwischen geophysikalischer Umwelt und Organismus (schematisch): 1. geographisch-ökologische Methode, 2. experimentell-empirische Methode, 3. rhythmologische Methode, 4. biometeorologische Methode. Nähere Erläuterungen s. Text!

werden. Man kann z. B. hoffen, durch das Studium von Flora und Fauna in extremen Klimazonen (Polarklima, trocken- bzw. feucht-heiße Klimate usw.) herauszufinden, warum bestimmte Tiere dort existieren können und andere nicht. Dies ließe Rückschlüsse auf Charakter und Mechanismus der Angepaßtheit der in dieser Region seit langen Zeiten lebenden Arten von Lebewesen zu. Wir wollen dies als *„geographisch-ökologische Methode"* bezeichnen. Dieser steht die bei 2. dargestellte *„experimentell-empirische" Methode* gegenüber: Links ist die Veränderung bestimmter geophysikalischer Parameter im Sinne einer „Sprungfunktion" angesetzt (man könnte auch eine andere Zeitfunktion zur Testung wählen), rechts wird der Ablauf der daraufhin eintretenden Änderungen physiologischer Parameter dargestellt. Beispiele: Höhenanpassung beim plötzlichen Übergang aus dem Tiefland auf größere Meereshöhen, plötzliche Umsetzung in eine extreme Klimazone, Experimente in einer Klimakammer u. v. a. m. 3. darf man vermuten, durch das vergleichende Studium geophysikalischer und biologischer *Rhythmen* einiges über die Bedeutung zeitlicher Adaptationen im Verlaufe der Evolution und die heutige Rolle biologischer Rhythmen in Erfahrung zu bringen. Man geht dabei von der plausiblen Annahme aus, daß sich viele Biorhythmen in Anpassung an häufig wiederkehrende geophysikalische Periodizitäten ausgebildet haben und durch natürliche Auslese während der Evolution bevorzugt und schließlich genetisch fixiert wurden. Wir wollen von einer *„rhythmologischen" Methode* sprechen. Schließlich liegen 4. im Wettergeschehen, dem wir alle ausgesetzt sind, in der Natur bestimmte Kombinationen von geophysikalischen Elementen vor, die — zumindest in unseren Breiten — in ziemlich unregelmäßiger Folge meist mit aperiodischem Charakter die gesamte Biosphäre beeinflussen. Das Studium der Auswirkungen des Wetters auf die Funktionen des Körpers nimmt sich die *„biometeorologische" Methode* zum Ziel.

6. Einige *Bemerkungen* zu Punkt 1), *zur „geographisch-ökologischen Methode"*: Botaniker, Zoologen, vergleichende Physiologen und Anthropologen haben ein umfangreiches, kaum noch zu überschauendes Beobachtungsmaterial über Pflanzen, Tiere sowie ökologische Lebensgemeinschaften in den verschiedenen Klima-Großzonen der Erde zusammengetragen. Mit KOEPPEN [33] lassen sich folgende *Klimazonen* auf der Erde unterscheiden: tropische Regenklimate, trockene Klimate (Steppen- und Wüstenklima), warmgemäßigte Regenklimate, winterkalte subarktische Regenklimate, schneereiche Tundrengebiete und Klimate ewigen Frostes — also im wesentlichen eine Einteilung nach Temperatur und Feuchtigkeit. Untersuchungen darüber, welche Tier- und Pflanzenarten in diesen Zonen existieren, sind

außerordentlich aufschlußreich in bezug auf die Adaptationsmechanismen der Organismen; andererseits werfen sie ein interessantes Licht auf die komplizierten Wege der Evolution. Leider ist es aber gar nicht einfach, aus der Fülle von Einzelfakten, die sich teilweise zu widersprechen scheinen, gewisse allgemeine Gesetzmäßigkeiten abzuleiten.

Für die *warmblütigen Tiere,* die Vögel und Säugetiere, ist dies in bescheidenem Maße gelungen. Warmblütige Tiere können selbstverständlich erst auf der Erde existieren, seit es in der Erdatmosphäre — bedingt durch die Zunahme der grünen Pflanzen mit ihrer Photosynthese — ausreichend Sauerstoff gab; dies dürfte etwa im Perm (VANGEROW [58]) der Fall gewesen sein. Es ist verständlich, daß bei homiothermen Tieren mit Thermoregulation das Größenverhältnis der *wärmeabgebenden Körperoberfläche* zum *wärmeproduzierenden Körpervolumen* darüber entscheidet, mit welchem relativen Energieaufwand die Konstanthaltung der Körpertemperatur bestritten werden kann. Kleinere Tiere sind dabei in einer ungünstigeren Situation, weil im Vergleich zu ihrem Körpervolumen (3. Potenz!) eine relativ große Oberfläche (2. Potenz!) besteht; sie geben also relativ mehr Wärme an die Umgebung ab. Kleinere Vertreter einer bestimmten Tierart werden also in kalten Regionen in Schwierigkeit geraten, die für ihre relativ hohe Wärmeproduktion erforderliche Nahrung zu erwerben; sie sind für kältere Klimate nicht so angepaßt.

Aus dieser Überlegung sind für die warmblütige Tierwelt einige *„Klimaregeln"* abgeleitet worden, die mehr oder minder durchgängig Gültigkeit besitzen, aber auch Ausnahmen aufweisen, die man teils erklären kann, teils nicht: 1. die BERGMANNsche *Regel*: Innerhalb einer Art sind diejenigen Rassen, die kältere Klimazonen bewohnen, größer als die in wärmeren Regionen (gilt z. B. für Bär, Wildschwein, Rothirsch, Hase, Erdmaus, Uhu, Specht, Zaunkönig; Ausnahmen: Waschbär, Maulwurf). 2. die ALLENsche *Regel*: Innerhalb einer Art sind die wärmeabgabe-exponierten Körperanhänge, die am leichtesten auskühlen, wie Schwanz, Beine, Ohren, Flügel, Schnabel bei Rassen in kühleren Regionen kürzer als bei solchen warmer Klimate. So haben z. B. die amerikanischen Hasen in Mexico weit längere Ohren (179% der Kopflänge) als in Grönland (96% der Kopflänge) u. v. a. m. 3. die GLOGERsche *Regel*: in feuchtwarmen Regionen finden sich bei Warmblüterrassen mehr dunklere Farbstoffe in der Haut (rötlichbraun bis gelbbraun), während in kühleren Trockengebieten (z. B. Tundra) graue bis weiße Töne vorherrschen; dies braucht nicht erblich fixiert zu sein. Weitere solche Regeln sind die *Herzgewichtsregel* (HESSE) zugunsten einer höheren Wärmeproduktion in kalten Gegenden, die sog. *Haarregel* (RENSCH) über Dichte und Länge der Körperbehaarung u. v. a. m. Die Wärme-

Feuchte-Bedingungen erweisen sich mithin als ein wichtiger Umweltfaktor und bestimmen einerseits die „Behaglichkeits-“ und „Vorzugstemperatur“ von Lebewesen, andererseits auf Grund besonderer Dispositionen und Anpassungen die „Nischen“, welche die Tiere im Raum, d. h. bei der regionalen Verteilung (artverteilendes Element) einnehmen können. Es wäre aber auch denkbar, daß das Klima nur eine der bestimmenden Determinanten darstellt und wir andere gänzlich übersehen.

Als *ökologische „Nische“* ist zunächst nicht unbedingt ein „Raum“ zu verstehen, sondern ein multidimensionales (weil viele Wechselwirkungen umfassendes) Beziehungssystem zwischen einer Tierart und ihrer Umwelt das bedeutet, explizit formuliert, die Wechselbeziehungen zwischen den Gegebenheiten der Umwelt und den Ansprüchen und der Form der Nutzung durch eine Art. Die ökologische Nische kennzeichnet somit die nach außen projizierten Ansprüche einer Art.

In vielen Fällen drängt sich die Schlußfolgerung auf, daß die *Adaptation an ein bestimmtes Ensemble* geophysikalischer Bedingungen (z. B. Klimate, hohe Temperatur, Sauerstoffmangel usw.) während der Evolution durch die verschiedenen Tierspezies auf u. U. gänzlich unterschiedliche Weise gelöst wurde: Ähnliche Umwelt bedingt ähnliche Wechselwirkung Organismus-Umwelt und schafft durch Adaptation und Auslese strukturelle „Ähnlichkeiten“; strukturelle „Unterschiede“, d. h. verschiedene Wege zur Realisierung eines Adaptationsziels, sind phylogenetisch bedingt. Trotz aller *Konvergenz* geht mit SIMPSON [53] der Einfluß vergangener Strukturen im Verlauf der Evolution niemals ganz verloren.

Als *„Wirkungsgesetz der Umweltfaktoren“* ist formuliert worden: Diejenigen der notwendigen Umweltfaktoren bestimmen die Entwicklung einer Art in ihrem Lebensraum (von Null bis zur Maximalentfaltung), die demjenigen Entwicklungsstadium des Organismus, das die kleinste ökologische Valenz (Plastizität, Potenz) besitzt, in der am meisten vom Optimum abweichenden Qualität oder Intensität zur Verfügung steht. Mit anderen Worten: Die dem Pessimum am meisten genäherten Umweltfaktoren begrenzen die Dichte einer Art (Anzahl der Individuen pro Flächeneinheit) in ihrem Lebensraum.

THIENEMANN hat als *„biozönotisches Grundprinzip“* formuliert: Vielseitige Lebensbedingungen in einem Biotop (Lebensraum mit einer darauf abgestimmten Lebensgemeinschaft oder Biozönose) ermöglichen hohe Artdichte der zugehörigen Lebensgemeinschaft, bei relativ geringer Individuenzahl der beteiligten Arten. Einseitige Lebensbedingungen dagegen, vor allem solche, die durch die extrem starke oder extrem niedrige Entfaltung allgemein wichtiger Umweltfaktoren ausgezeichnet sind, führen zu artenarmen Biozönosen. Die Individuendichte der relativ wenigen Arten in solchen Biotopen ist jedoch groß.

Die *Gattung „Mensch“* siedelt heute in allen Klimaten der Erde; die Breite seiner *Anpassungsfähigkeit* wird nur von wenigen Arten höher organisierter Lebewesen annähernd erreicht. Vor 1000 Jahren haben norwegische Siedler in Südwestgrönland die dort ansässigen Eskimos genau so beschrieben, wie sie heute noch sind und leben. Funde beweisen, daß eine den Eskimos vorangehende Kultur von Alaska bis Grönland vor über 2000 Jahren existierte und daß der Mensch vor 5000 Jahren oder früher dort gelebt hatte. Untersuchungen an Indianern der Anden, die seit vielen Generationen in 4540 m Meereshöhe leben, ergaben für Atmungsfunktion und Blutzusammensetzung physiologische Werte, die einerseits stark von denen der Bewohner des Tieflandes als auch von denen akut an die Höhe Akklimatisierter abweichen. Sie befähigen die Eingeborenen, unter den Bedingungen von durchschnittlich 446 Torr, d. h. chronischen Sauerstoffmangels, für viele Stunden am Tage schwere körperliche Arbeit zu leisten. Dabei muß auch an adaptive Veränderungen des Stoffwechsels auf der Ebene der Zellen und Gewebe (BARBASHOVA [4]) sowie der Kapillarisierung als Ausdruck dieser chronischen Anpassung gedacht werden.

Nach der geographischen Methode kann auch die Verteilung bestimmter Erkrankungen in größeren Regionen untersucht und mit klimatischen Daten verglichen werden; dafür müssen Mortalitäts- und Morbiditätsziffern sowie der Bevölkerungsaufbau genau bekannt sein. Schließlich wäre die weitere Erforschung der Besonderheiten und biologischen Wirkungen des See-, des Mittel- und Hochgebirgs-, des Waldklimas usw. als Grundlage für eine wissenschaftlich begründete *Klimatherapie* und für die Auswahl von *Erholungsgebieten* von größtem Interesse für die Erhaltung der Volksgesundheit.

7. Zu Punkt 2): Als Beispiel für die *„experimentell-empirische Methode“* seien die wegweisenden, in den Jahren 1943—46 von schweizer Wissenschaftlern durchgeführten *höhenphysiologischen Untersuchungen* (zusammengefaßt durch v. MURALT und FLEISCH [31] genannt.) Dabei wurden an gesunden Menschen die Auswirkungen eines „Höhenreizes“ überprüft, der durch plötzlichen Übergang vom Tiefland auf das Jungfraujoch (3457 m) gesetzt wurde. Zahlreiche Wissenschaftlergruppen untersuchten über mehrere Wochen die im Verlaufe der Höhenanpassung erfolgenden Veränderungen vieler *physiologischer und psychologischer Größen*: Blutvolumen, Hämoglobin, rote Blutkörperchen, Blutviskosität, Blutgerinnung, Blutchemismus, Blut-pH, Säurebasengleichgewicht, Blutzucker, Verhalten des

Herzkreislauf- und Atemsystems, Reizschwellen der Sinnesorgane, Reflexerregbarkeit, Chronaxiemessungen usw., kurz: ein umfangreiches *Komplexprogramm*.

Es ergaben sich sehr eindeutige *Veränderungen vieler Körperfunktionen* in der Hauptanpassungsphase: Von seiten des Kreislaufs eine deutliche Vergrößerung der zirkulierenden Blutmenge mit Steigerung des Herzminutenvolumens, Erhöhung der Herzfrequenz, Mobilisierung der Blutdepots, Erhöhung der Pulswellengeschwindigkeit, Erweiterung der peripheren Blutgefäße, Erweiterung der Hirngefäße; von seiten des Magendarmkanals eine Herabsetzung von Peristaltik und Sekretion vor allem im Bereich des Magens; von seiten des Blutes eine Eindickung, Vermehrung der Erythrozytenzahl und des Blutfarbstoffs; von seiten der Regulierung des Säurebasengleichgewichts eine Neigung zur Alkalose nach der Bergfahrt (Urin: Ansteigen von pH, Bicarbonatgehalt, Magen: Abnahme der Salzsäure, Blut: Zunahme des pH, Abnahme der Alkalireserve); Acidose-Symptome nach der Talfahrt, wobei das Zusammenspiel zwischen Atemregulation, Blut-pH und kompensatorischer Nierenleistung sehr schön zum Ausdruck kommt; von seiten der Sinnesorgane und des Zentralnervensystems: eine Senkung der Reizschwellen für viele Sinnesleistungen (Auge, Drucksinn der Haut, Geschmack, Schmerz) sowie eine *Steigerung der Reflexerregbarkeit* (Reflexe allgemein, Patellarsehnenreflex, Corneasensibilität usw.) mit Verkürzung der Reflexzeit, also im ganzen eine deutliche Anhebung der Leistungen im animalischen Nervensystem infolge von Sympathikusstimulierung.

Insgesamt lassen sich die wichtigsten Ergebnisse wie folgt charakterisieren: 1. Das Höhenklima stellt einen vielfältigen Reiz dar, wobei jedoch dem *Sauerstoffmangel* die Hauptrolle bei der Auslösung adaptiver Umstellungen der Körperfunktionen zuzusprechen ist. 2. Hauptträger der Anpassungsleistung ist das *vegetative Nervensystem*. In Zusammenschau der beobachteten Einzelsymptome läßt sich sagen: Einer initialen Phase des Sympathikusüberwiegens (die parasympathische Vorphase wurde nicht registriert), ablesbar an vegetativen wie animalischen Funktionen, tritt mit fortschreitender Adaptation eine Zunahme auch der Parasympathikuserregung zur Seite, wobei aber eine „*Amphotonie*“ (verstärkte Erregbarkeit beider Partner) sowohl am Anfang wie nach der Adaptation bestehen bleibt (s. Schema der vegetativen Dynamik, Abb. 10 unten). 3. Bei Höhenaufenthalt in 1000 bis 1800 m dauert die Anpassung nur einige Tage, bei 3000 m etwa 10 Tage und bei 5—6000 m einige Wochen. Prüft man die Höhenanpassung künstlich in Unterdruckkammern, so muß man auf solche chronische Bedingungen achten.

Damit sind wir bei einem weiteren typischen Beispiel für die experimentelle Methodik: das Arbeiten mit der *Klimakammer*, in der man alle Klima- und Wetterverhältnisse — Veränderungen von Temperatur, Feuchtigkeit, Luftbewegung, Luftdruck, Strahlung, Ionisierung der Luft usw. — unter Laborverhältnissen nachahmen kann. Auf diese Weise ist man in die Lage versetzt, den Einfluß einzelner Faktoren bzw. von Komplexen von solchen zu testen und auf bestimmte Fragen reproduzierbare Antworten zu erhalten. So haben wir z. B. am Leipziger Physiologischen Institut unter variierten Temperatur-Feuchte-Bedingungen in einer Klimakammer das Verhalten des Energiewechsels und des Herzkreislauf-Atmungssystems untergenormten Bedingungen untersucht, was für arbeits- und sportphysiologische Probleme von großer praktischer Bedeutung ist.

In unserer Klimakammer konnten wir die Parameter *Lufttemperatur* und *Luftfeuchtigkeit* in weiten Grenzen einstellen und unter statischen Bedingungen für längere Zeit konstant halten. Wir wählten für die Temperatur meist 20, 30 und 45 °C und 20, 50 bzw. 90% relative Luftfeuchtigkeit. Die Versuchspersonen wurden für jeweils eine Stunde an die eingestellten Klimabedingungen adaptiert. Versuchsserien über das Einschwingverhalten der Herzfrequenz beim Aufstehversuch (orthostatische Probe) zeigten [16], daß bei stärkerem Klimastress und höheren Lufttemperaturen (30° und besonders 45 °C) und zusätzlicher Erhöhung der Luftfeuchtigkeit (extrem 45 °C und 45% Luftfeuchtigkeit) die einfache und physiologische Kreislaufbelastung beim Aufrichten in die senkrechte Körperstellung wesentlich ungünstiger durch den Organismus beantwortet wird: die Normalverhältnisse verschieben sich bei allen, sonst gesunden Personen nach der Seite einer nicht optimalen Herzfrequenzregulation: langsamer Frequenzanstieg auf initial hohe Werte, schlecht ausgebildeter bzw. völlig fehlender Frequenzrückschlag während der ersten Minute, baldiges Erreichen relativ hoher Temperaturfrequenzwerte nach 10 Minuten im Stehen. Unter 45 °C und 45% Luftfeuchtigkeit mußten in 25% der Fälle (8 Frauen, 2 Männer) die Versuche wegen Praekollapserscheinungen abgebrochen werden.

Bei submaximal dosierter *körperlicher Belastung* (Fahrradergometer) zeigte sich [18], daß ein starker Klimastress (extrem bei 45 °C und 90% relativer Luftfeuchtigkeit = feuchte Hitze) sowohl bei sportlich Trainierten als auch bei untrainierten Versuchspersonen eine unproportional starke Herzkreislaufbelastung hervorrief (Blutdruck, sowie Herzfrequenz, letztere stärker beeinflußt); hier macht sich auch eine Angleichung des Verhaltens von Sportlern und Nichtsportlern bemerkbar: der Vorteil einer gewissen „Präakklimatisation" der trainierten Sportler an Hitze geht unter diesen extremen Bedingungen verloren. Trockene Hitze (45°C und 20% relative

Feuchtigkeit) stellt demgegenüber keine große Herzkreislaufbelastung dar; hier sind auch die Sportler, insbesondere Ausdauersportarten ausübende, deutlich im Vorteil gegenüber untrainierten Personen. Dies läßt sich auch mit Hilfe von spiroergometrischen Untersuchungsmethoden (Sauerstoffverbrauch, Kohlensäureabgabe) nachweisen. Zur Vorbereitung auf zu erwartende Klimabelastungen erscheint also ein thermoregulatorisches Training ratsam. Der Klimastress wirkt sich, wie die Untersuchungen an männlichen Personen unterschiedlichen *Lebensalters* (leichte Belastung von 50 Watt) zeigt, besonders aus 1. bei jugendlichen Personen: besondere Labilität gegenüber Hitzebelastung, aber gute Erholungsperiode, sowie 2. bei älteren Personen: hier zeigt sich schlechte Verträglichkeit des Klimastress mit schlechtem Erholungsverhalten; besonders belastend ist auch hier feuchte Hitze.

Man kann sich leicht vorstellen, wie sich eine solche experimentelle Methode (hier Klimakammer) durch Änderung der Voraussetzungen an mannigfaltige spezielle Fragestellungen anpassen läßt.

8. Zu Punkt 3), zur „*rhythmologischen Methode*“: Es ist außerordentlich reizvoll, das Spektrum geophysikalischer Rhythmen, welches von Bruchteilen von Sekunden bis zu Tausenden von Jahren reicht, mit dem Spektrum biologischer Rhythmen zu vergleichen und dabei Entsprechungen herauszufinden sowie diese vorsichtig zu interpretieren (s. Tabelle 1). Jeder der Rhythmen des biologischen Spektrums dürfte seine besondere Rolle bei der evolutionären Adaptation der Organismen besitzen, aber nur für *vier* von ihnen ist ein Zusammenhang mit geophysikalischen Periodizitäten ohne weiteres gegeben: Für die Gezeiten-(*circa-tidalen*), die 24-Stunden-*circadianen*), die *circalunaren* und die *circannualen* (Jahres-)Rhythmen. Diese Rhythmen stellen typische Beispiele für „*Nischen in der Zeit*“ dar. Im Gegensatz zu Nischen im Raum, bei welchen lokale und regionale Gegebenheiten (z. B. Anpassung an Klimazonen) den Selektionsdruck bedingen, bildet eine zeitliche Nische eines Sequenz regelmäßig sich ändernder und wiederholender äußerer Bedingungen. Sie liefert ein *Zeitprogramm*, welches in den Organismus selbst inkorporiert werden kann. Das heißt: Im Verlaufe der Evolution haben die Organismen einen autonomen, periodischen Prozeß entwickelt und schließlich genetisch fixiert. Im Gefolge dessen fungiert die Periodizität der Umwelt, die ursprünglich die Quelle eines Selektionsdruckes darstellte, nicht mehr als eine unmittelbare Ursache für den biologischen Rhythmus, sondern lediglich noch als „synchronisierendes Agens“, nach ASCHOFF [2] als „Zeitgeber“ für eine selbstunterhaltene Oszillation innerhalb des Organismus.

Tabelle 1

Geophysikalische Rhythmen		
	Periodendauer	Frequenz
Elektromagnetische Impulsstrahlung		10/s (8–16/s)
Schwingungen der Atmosphäre, der Ozeane		
mikroseismische Schwingungen der Erdrinde		ungef. 10/s
elektrische Vorgänge in der Atmosphäre		9/s
Magnetfeld der Erde, Pulsationen		
P_c1	0.2–5 s	
P_c2	5–10 s	
P_c3	10–45 s	
P_c4	45 s–2.5 min	
„giant pulsations“ P_c5	2.5–10 min	
Variationen	größer 10 min	

Biologische Rhythmen		
Periodendauer	Frequenz	
1 ms		Refraktärperiode der Nerven- und Muskelfaser
	bis 250/s	Aktionsstromimpulse in der Nervenfaser, Entladung von Ganglienzellen (weit darunter)
	10/s (8–13/s)	mechanische Mikroschwingungen des menschlichen Körpers (ROHRACHER)
		Elektroencephalogramm:
	10/s (8–12/s)	Alpha-Wellen
	20–30/s	Beta-Wellen
	5–7/s	Theta-Wellen
	0.5–4/s	Delta-Wellen
	2–40/s	Cilienbewegungen (Flimmerepithelien, Spermien)
	14–18/s	Verschmelzungsfrequenz im Bereich d. Sinnesorgane
	1–9/s	Einfache motorische Rhythmen
	70/min	Herzfrequenz Mensch
	20–1 000/min	Herzfrequenz Tiere
	10–20/min	Atemfrequenz Mensch
	4–250/min	Atemfrequenz Tiere
0.5–10 s (oft um 1 s)		rhythmische motorische Komplexleistungen (Arbeit, Lauf, Tanz usw.)
		Peristaltik im Magendarmkanal
18–22 s	ungef. 3/min	Magen
	8–10/min	Dünndarm: rhythmische Segmentation
	10–20/min	Pendelbewegungen
		Durchblutungsschwankungen im Kreislauf
10 s (8–12 s)		Blutdruckwellen (THM-Wellen)
30 s		Hautdurchblutung
1 min, 2 min		Muskeldurchblutung
1–2 min		Rhythmen von Enzymsystemen, metabolische Rhythmen
1–3 min		Minutenrhythmen zentralnervöser Leistungen (Kurzzeitgedächtnis,

Tabelle 1 (Fortsetzung)

Geophysikalische Rhythmen		
	Periodendauer	Frequenz
Eigenschwingungen des Erdkörpers	54 min (50—60 min)	
Gezeiten-Rhythmen tidal mondentägig	12.4 Std. 24.8 Std.	
tagesperiodische Schwankungen vieler geophysikalischer Größen, teils mono-, teils bimodal	1 Tg.	
lunare Rhythmen syzigisch-lunar synodisch-lunar	14.7 Tg. 29.5 Tg.	
Sonnenrotation	27 Tg.	
Jahreszyklus	1 Jahr	
Chandler-Periode (Erdrotation)	437 Tg.	
Sonnenfleckenperiode Schwankung der Präzession der Erdachse	11 Jahre 25735 Jahre	

Wie manche andere Errungenschaften der Evolution gehören aber diese Rhythmen, indem sie einen höheren Grad der Spezialisierung darstellen, nicht nur zu den vorteilhaften, sondern auch zu den *limitierenden* Eigenschaften lebender Wesen. Sie begrenzen die Anpassungsfähigkeit an geänderte Zeitstrukturen, insbesondere in mehr oder minder künstlichen Umgebungen; sie verlangen bestimmte Bedingungen zu bestimmten Zeiten. Die „Circa"-Rhythmen sind durch eine periodisch sich ändernde Empfind-

Biologische Rhythmen		
Periodendauer	Frequenz	
		Reaktionszeiten) und mancher vegetativer Funktionen
1–4 Std.		Wachstumsbewegungen bei Pflanzen
ungef. 1 Std.		Stundenrhythmen biologischer Funktionen
3,6 u. 12 Std.		Rhythmen in Stoffwechsel, Blutbildung, Nierenfunktion
12.4 Std. 24.8 Std.		*circatidale* Rhythmen (z. B. Organismen an Meeresküsten, wie Krebse, Mollusken, Coelenteraten, Fische usw.)
ungef. 24 Std.		*circadiane* Rhythmen bei Mensch, Tieren und Pflanzen
14.7 Tg. 29.5 Tg.		*circalunare* Rhythmen (marine Organismen, Beispiele: Palolowurm, Grunionfisch, Meeresmücke Clunia, Alge Dictyota usw.)
23–28 Tg.		Menstruationszyklus der Frau
ungef. 1 Jahr		*circannuale* Rhythmen
Tage, Jahre (oft 10 J.)		Schwankungen in der Populationsdynamik (z. B. Räuber-Beute-, Wirt-Parasitverhältnis)

lichkeit gegen alle denkbaren Reize aus der Umgebung gekennzeichnet. Nachdem sie sich ursprünglich als adaptive Reaktionen gegenüber einem bestimmten Umweltprogramm entwickelt haben, bestimmen sie jetzt die Reaktivität des Organismus sogar gegenüber solchen Ereignissen, die nicht eigentlich in der Umwelt vorprogrammiert sind. Falls, wie das für den Menschen in der modernen Zivilisation vorkommen mag, die natürlichen Umwelt-Zeitstrukturen weitgehend verloren gehen, kann dies zu schädlichen

Desorganisationen und psychosomatischen Störungen führen. Auch wenn wir mit unseren schnellen Düsenflugzeugen eine abrupte interkontinentale Veränderung der Ortszeit vornehmen, so merken wir dieses recht deutlich am eigenen Körper. Wir würden — bei starrer genetischer Programmierung des Tagesrhythmus — beispielsweise nach der Ankunft in Japan immer tagsüber schlafen wollen und nachts munter sein. Tatsächlich ist dieses aber nicht der Fall: Der Adaptationsprozeß, eine „Phasensynchronisation" (wie man das nennt) ist nach etwa 3—6 Tagen abgeschlossen. Die *plastische* Möglichkeit einer Neusynchronisierung durch äußere Zeitgeber, die Tatsache, daß die endogenen Rhythmen nicht starr und unveränderlich sind, hat den biologischen Vorteil, daß der Organismus sich an ein ungewohntes Zeitregime anzupassen vermag und bewahrt ihn davor, wiederum ein Spielball ungewohnter äußerer Bedingungen zu werden. Leider liegen über die Phylogenese und vergleichende Physiologie wie auch über die Ontogenese der biologischen Rhythmen bisher nur fragmentarische Kenntnisse vor, so daß heute nur eine recht unvollständige Rekonstruktion des Einflusses der erdgeschichtlichen Entwicklung und Änderung der geophysikalischen Umwelt auf die Prägung der Biosphäre möglich ist. Dieses weist wiederum auf das Wirken hierarchischer komplexer Strukturen in der Geophysik und im lebenden Organismus hin.

Noch kurz sei auf ein spezielles, charakteristisches Beispiel von Zusammenhängen zwischen geophysikalischen und biologischen Größen im Bereiche der *Tagesrhythmen* eingegangen. Während im Tagesablauf innerhalb beider Bereiche vielfach einfach-periodische (unimodale) Zeitgänge dominieren — im geophysikalischen Sektor lassen sich solche mit dem klassischen „thermischen" Konzept der Meteorologie und der Hell-Dunkelwechsel plausibel erklären —, gibt es bei bestimmten Größen auch auffallende *doppelt-periodische* (*bimodale*) *Schwankungen*. Am längsten bekannt ist wohl die Doppelbewegung der Barometerschwankungen innerhalb von 24 Stunden (Abb. 12), mit der sich bereits GOETHE beschäftigt und dazu die Meinung geäußert hat, daß die Ursachen hierfür von der Erde selbst und nicht von solaren Prozessen ausgehen. In dieser Abbildung sind Tagesgänge des *Luftdrucks* in Aberdeen, und zwar an magnetisch ruhigen und gestörten Tagen wiedergegeben (auf diese letztere, interessante Beziehung wollen wir an dieser Stelle nicht näher eingehen). Man erkennt Maximalwerte des Luftdrucks bei 9—10 und 21—22 Uhr sowie Minima um 3—4 und um 15—16 Uhr. Diese Erscheinung ist weltweit, am deutlichsten ausgeprägt am Äquator.

Auch andere geophysikalische Größen schwanken in dieser Weise. Das *luftelektrische Feld* in Bodennähe zeigt für bestimmte Festlandsregionen

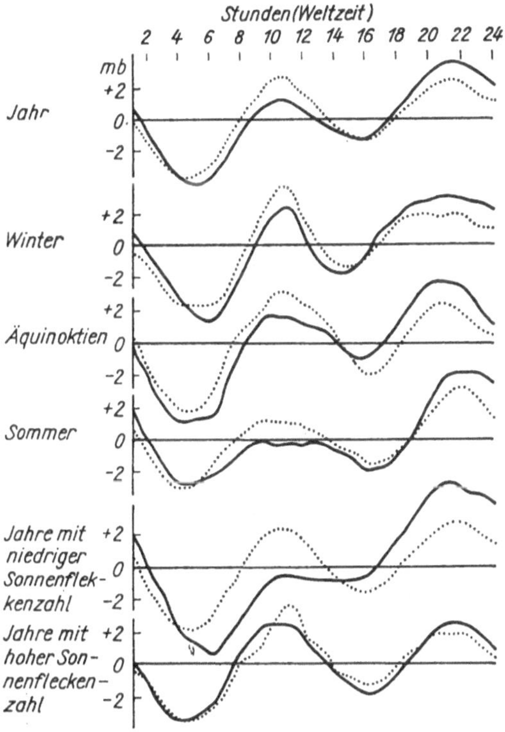

Abb. 12. Tagesgänge des atmosphärischen Luftdrucks in Aberdeen (Durchschnittskurven, an magnetisch ruhigen und gestörten Tagen). Man erkennt Maximalwerte des Luftdrucks bei 9—10 und 21—22 Uhr sowie Minima um 3—4 und 15—16 Uhr. Aus: BERG [7]

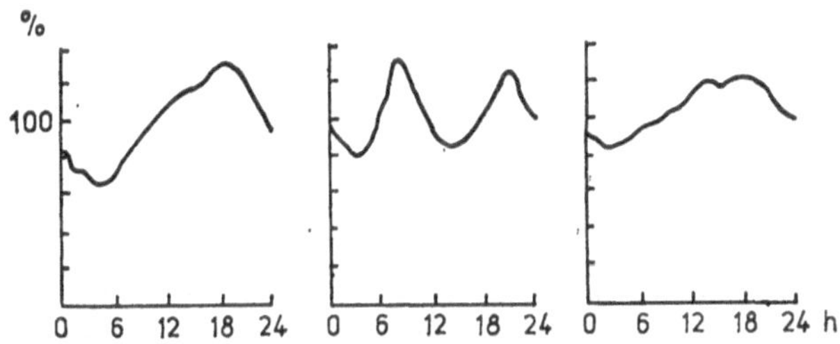

Abb. 13. Täglicher Verlauf des luftelektrischen Feldes in Bodennähe. Links: einfachperiodischer Festlandstyp (Potsdam); Mitte: doppelt-periodischer Festlandstyp (Kew); rechts: „Weltzeit-Typ" (Ozeane, Arktis). Nähere Erläuterungen s. Text! Aus: ISRAEL [27]

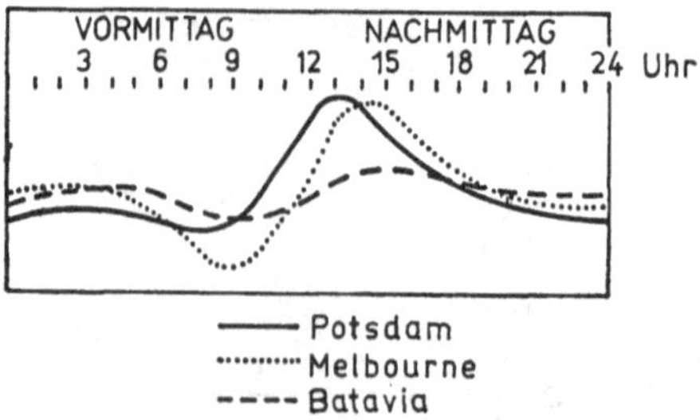

Abb. 14. Tagesrhythmische Variationen des Erdmagnetismus (Deklination). Nach: NIPPOLDT [42]

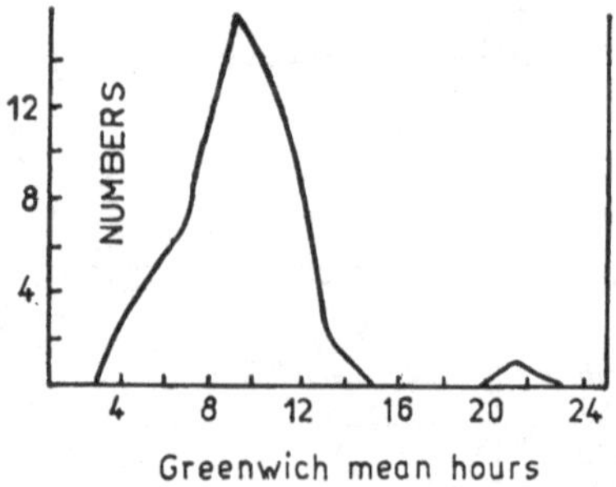

Abb. 15. Magnetische Oszillationen im Tageslauf. Nach: HARANG [20]

(Abb. 13 Mitte) einen deutlich bimodalen Tagesrhythmus. Die diurnalen Schwankungen des *erdmagnetischen Feldes* (Abb. 14) weisen ebenfalls die Tendenz zu einem großen Maximum bei 13—15 Uhr und einem kleineren bei 3—4 Uhr auf. Magnetische Pulsationen (Abb. 15, nach der Periodendauer nicht näher gekennzeichnet) haben ein ausgesprochenes Häufigkeitsmaximum zwischen 9 und 10 Uhr und ein schwächeres bei 21 Uhr, giant pulsations treten meist gegen 3—4 Uhr nachts gehäuft in Erscheinung. Wenn derart heterogene geophysikalische Größen wie Luftdruck, erdelektrisches und erdmagnetisches Feld in übereinstimmender Weise schwanken (nach BERG [7] auch für den Jahresgang nachzuweisen), so spricht vieles dafür, daß hier *übergeordnete geophysikalische Organisationsprinzipien* im Spiel sind.

Schauen wir in den *biologischen* Bereich! Es sei zunächst erwähnt, daß bereits die klassischen rhythmologischen Untersuchungen von FORSGREN [17]

1928 über den *Leberrhythmus* (Glykogenspeicherung, Gallensekretion) bei vielen Tieren eine doppelte Tagesschwankung erkennen ließen. Bimodale Tagesrhythmen finden sich neben unimodalen auch bei einer Reihe anderer physiologischer Größen, ebenfalls mit typischen Umkehrpunkten bei 3 und 15 Uhr Ortszeit. Aber auch bei komplizierten psychischen Leistungen bzw. Fehlleistungen des Menschen ist eine bimodale Charakteristik zu beobachten. Bjerner und Swensson [8] haben zahlreiche Daten bearbeitet, die in einem Gaswerk (Beobachtungszeit über 175000 Stunden) durch stündliche Ablesungen an verschiedenen Meßinstrumenten erhalten wurden (s. Abb. 16); die Ablesungen wurden nachträglich auf ihre Richtigkeit kontrolliert und die *Fehlerzahl* festgestellt; letztere ist in Abbildung 16 auf der Ordinate abgetragen. Es ergab sich ein hoher Fehlergipfel um 3 Uhr nachts und ein kleinerer bei 15 Uhr. Diese Fehlerhäufigkeit war unabhängig vom Schichtbeginn (Pfeile oben). Auf Grund ähnlicher Untersuchungen hat Graf [1] 1953 die bekannte und wohl als gesichert geltende doppelgipflige *Kurve der psychophysiologischen Leistungsbereitschaft* des Menschen über den 24-Stundentag konzipiert (Abb. 17). In Abb. 18 sind zusammenfassend nach Presman [45] die tageszeitlichen Schwankungen einiger geophysikalischer und biologischer Parameter dargestellt.

Es darf erwartet werden, daß weitere Untersuchungen über den Zusammenhang biologischer Rhythmen mit geophysikalischen im gesamten Periodenspektrum noch interessante Aufschlüsse liefern werden. Am Leipziger Physiologischen Institut werden Beobachtungen in dieser Richtung durchgeführt.

Zu Punkt 4), zur *„biometeorologischen Methode“*. Die Internationale Gesellschaft für Biometeorologie hat 1956 ihren Gegenstand definiert als „das Studium der direkten und indirekten Beziehungen zwischen dem geophysikalischen und geochemischen Milieu und den lebenden Organismen, Pflanzen, Tieren und Menschen“. Für die Biometeorologie des Menschen lassen sich mit Tromp [56] folgende, etwas willkürlich erscheinende Einteilungen treffen: physiologische, soziale, pathologische, städtische und nautische Biometeorologie mit Spezialgebieten wie Akklimatisation, Pathologie der Luftverunreinigungen, Klimatherapie, Balneologie u. dgl.

Die biometeorologischen Bemühungen der letzten Jahrzehnte haben entscheidend davon profitiert, daß die *Meteorologie* selbst sich seit den zwanziger und dreißiger Jahren immer mehr zu einer *„synoptischen“* Wissensdisziplin entwickelt hat. Begriffe wie Luftkörper, Luftmassen, Fronten, Akkordschwankungen usw. haben seit den Forschungen von Bjerknes, Linke u. a. in die Beschreibung komplexen Wettergeschehens Eingang gefunden, und diese Entwicklung schreitet mit den Wetter-Satelliten unserer

Tage immer weiter in Richtung der Aufklärung *übergeordneter meteorologischer Steuerungssysteme* fort. Da sich etwa zu gleicher Zeit auch in Biologie und Physiologie das Denken auf Steuerungen, Regulationen und Adaptationen in hierarchischen organismischen Systemen richtete, dürften die bedeutenden Fortschritte der Biometeorologie in letzter Zeit verständlich werden.

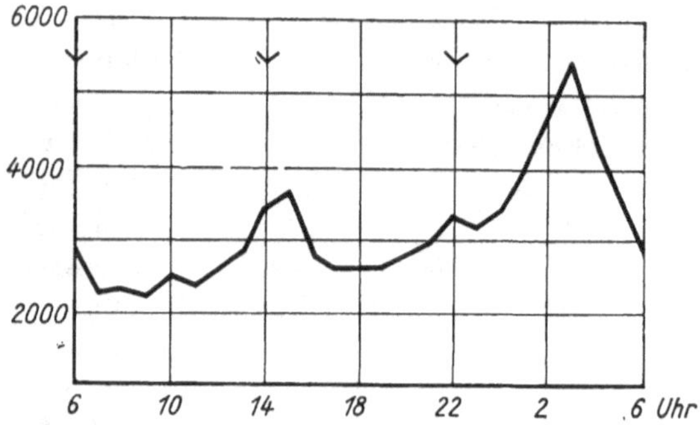

Abb. 16. Tageszeitliche Verteilung von 62000 Ablesefehlern in einem schwedischen Gaswerk in den Jahren 1912—1932 (175000 Stunden). Pfeile oben: Schichtwechsel bei 6, 14 und 22 Uhr. Nach: BJERNER, HOLM und SWENSSON [8]

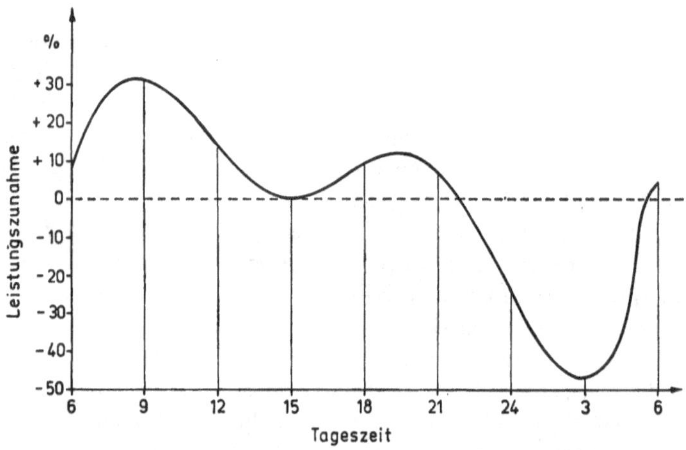

Abb. 17. GRAF'sche Tageskurve der physiologischen Leistungsbereitschaft. Aus: ANKERMÜLLER [1]

Durch die Arbeiten von DEXTER [14], MISSENARD [40], HELLPACH [21], DE RUDDER [51], BERG [6], PETERSEN [43], CURRY [13], REITER [48] u. a. ist gezeigt worden, daß wir in gesunden und kranken Tagen, in unserer Leistungsfähigkeit und im psychischen, insbesondere emotionalen Verhalten vom Wetter abhängig sind. Lange vermutete Zusammenhänge konnten auch statistisch abgesichert werden.

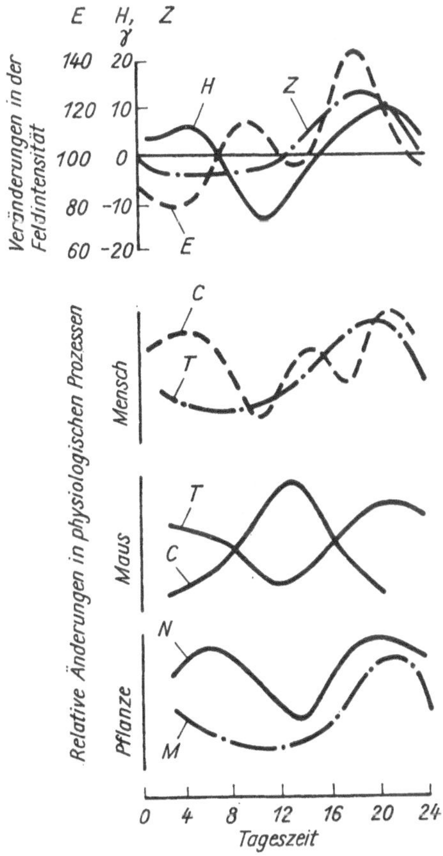

Abb. 18. Tägliche Schwankungen geophysikalischer Parameter (E = erdelektrisches Feld, H und Z = erdmagnetisches Feld) im Vergleich zu 24-Stunden-Rhythmen in lebenden Organismen (T = Körpertemperatur, E = Eosinophilenzahl, N = Zellkernvolumen, M = Mitosenzahl). Nach: PRESMAN [45], zusammengestellt

Ein derartiges Verfahren ist z. B. die *Methode der überlagerten Stichproben*, auch als n-Methode oder Synchronisierung bezeichnet (Abb. 19). Sie dient zur Überprüfung der Verteilung von Fallzahlen, nicht der von Meßergebnissen. Ihr Wesen besteht darin, daß man aus einer längeren Beobachtungsreihe alle Tage, an denen ein bestimmtes meteorologisches Ereignis, z. B. Frontendurchgang, Föhn, magnetischer Sturm bestand, als Tag n ansetzt, die Tage davor als n — 1, n — 2 usw., die Tage danach als n + 1, n + 2 usw.

Frontendurchgang Tag n

	n-3	n-2	n-1	n	n+1	n+2	n+3
Angina		12	21	(27)	17	17	
Glaukom	16	19	21	(30)	20	22	25
Wehenbeginn		446	447	(547)	436	463	
Selbstmorde	45	48	33	(96)	34	49	44

Abb. 19. Zusammenfassung von Beobachtungen über biometeorologische Zusammenhänge nach der n-Methode

Es muß ausgezählt werden, *wieviele* biologische Ereignisse einer bestimmten Kategorie auf diese Tage entfallen. In Abbildung 19 sind Erhebungen solcher Art bei Frontendurchgang von verschiedenen Autoren wiedergegeben. Nicht nur *Erkältungskrankheiten und Infektionen* wie Angina, sondern auch *Augenerkrankungen* wie Glaukom (Drucksteigerung im Augapfel) erwiesen eine starke Abhängigkeit. Die hohen Beobachtungsziffern über *Geburts- bzw. Wehenbeginn* sowie über *Selbstmorde* erlauben, den Gipfel am Tage des Frontendurchgangs als absolut überzufällig nachzuweisen.

Als besonders ergiebig hat sich ferner ein von UNGEHEUER und BREZOWSKY [9, 57] begründetes Vorgehen erwiesen, welches als „*Bad Tölzer Arbeitsmethode*“ bezeichnet wird. Die Autoren gingen von einem für Mitteleuropa typischen „idealen Kreislauf“ der Wetterphasen beim Durchgang von Zyklonen aus. In Abbildung 20 ist zunächst das wohlbekannte *Zyklonenschema* von BJERKNES [51] (von rechts nach links zu lesen) gezeigt mit Luftkörperverteilung und der an den Grenzflächen sich abspielenden Vorgänge; oben: Aufsicht, Mitte: Schnitt A—B vertikal zur Erdoberfläche, unten: Verhalten von Luftdruck und Temperatur. An der Vorderseite der

Zyklone, der Warmfront, sind kennzeichnend: Thermometer steigt, Barometer fällt, Aufgleiten der wärmeren über die kalten Luftmassen, Schichtwolken (Stratus), eventuell Aufgleitregen; für die Hinterseite, die Kaltfront, sind typisch: Thermometer fällt, Barometer steigt, Haufenwolken (Cumulus), eventuell Böenfront, Turbulenzerscheinungen. Abbildung 21 zeigt (von links nach rechts zu lesen) die daran orientierte *Einteilung der Wetterphasen* nach UNGEHEUER und BREZOWSKY: 1) mittleres

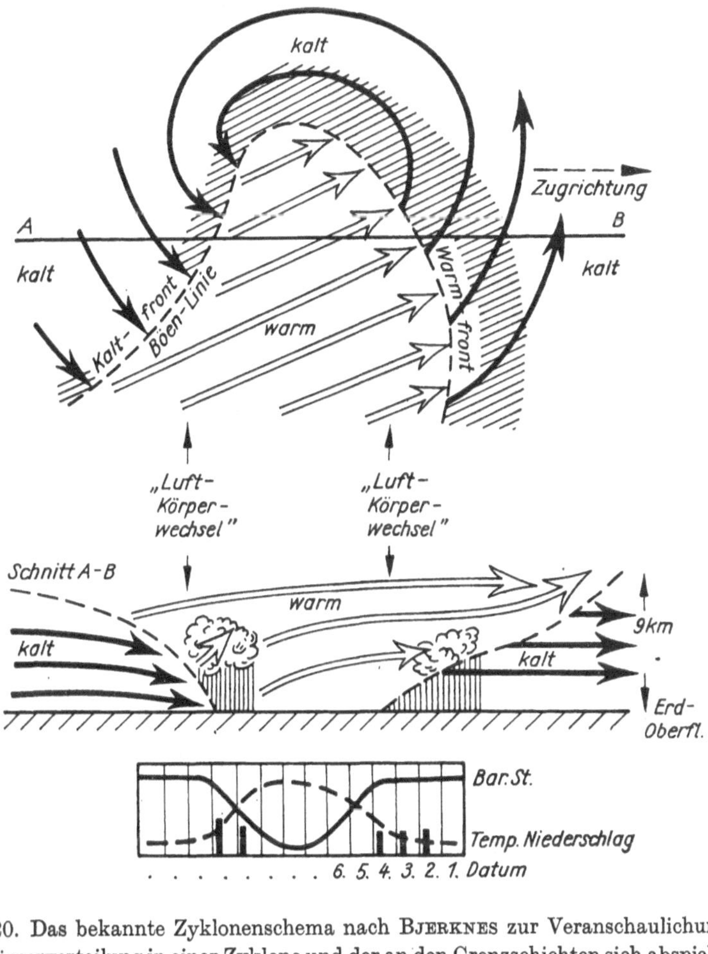

Abb. 20. Das bekannte Zyklonenschema nach BJERKNES zur Veranschaulichung der Luftkörperverteilung in einer Zyklone und der an den Grenzschichten sich abspielenden Vorgänge. Aus: DE RUDDER [51]. Nähere Erläuterungen s. Text!

Schönwetter, 2) gesteigertes Schönwetter, 3_A) durch Abgleiten übersteigertes Schönwetter, 3_F) Föhnlage, 4) aufkommender Wetterumschlag, 5) Wetterumschlag, 6_Z) vollzogener Wetterumschlag, 6) Wetterberuhigung. Diese Phasen entsprechen einem Durchgang Hoch-Tief-Hoch und lassen sich mit eindeutigen meteorologischen Daten belegen. Den im Bereich von Hochdruckgebieten gelegenen Wetterphasen 1, 2 und 6 mit weitgehend ungestörter meteorologischer Periodik stehen die Phasen 3, 4, 5 und 6_Z gegenüber, die advektive und damit aperiodische Wetterabläufe enthalten. Die Stärke des *„biotropen" Reizes* durch die meteorologische Belastung (unten) ist entsprechend in den *gestörten Phasen* größer. Mit dem Maximum an Anpassungsforderungen verbunden ist die Wetterphase 4 (aufkommender Wetterumschlag), wie auch (Mitte) das Band des Temperatur-Feuchte-Milieus zeigt.

Diese Methode hat den großen Vorteil, daß man biologisch-medizinische Beobachtungen und Meßreihen *nachträglich* bearbeiten kann, indem man sie mit dem meteorologischen Daten der betreffenden Tage korreliert. In den folgenden Abbildungen sollen einige Beispiele solcher Erhebungen gebracht werden. Abbildung 22 zeigt zunächst das Verhalten einiger *physiologischer Parameter* (Pulsfrequenz, Blutdruck, Albumin/Globulin-Verhältnis der Bluteiweiße) sowie einen psychischen Parameter, die *Reaktionszeit* auf ein Lichtsignal. Das letzte Beispiel ist besonders interessant: es handelt sich um 118300 Einzelmessungen auf einer Münchener Verkehrsausstellung 1953 an 71 Tagen; die Verlängerung der Reaktionszeit bei biologisch ungünstigen Wetterphasen — man beachte Phase 4 — ist auch für das Verhalten im Verkehr wichtig.

Interessant sind in diesem Zusammenhang neuere *Selbstbeobachtungen*, die der Geophysiker LAUTERBACH [36] mitgeteilt hat: Er trainierte ein halbes Jahr lang eine Methode, die vom Kosmonauten O. TITOW für die Beurteilung des subjektiven Zeitschätzvermögens unter Kosmosbedingungen angewendet worden ist: Die Versuchsperson hatte dabei die Aufgabe, unter Schließen der Augen und bestmöglicher Konzentration auf die Aufgabe durch Abzählen der Zahlen von 1—20 ein Zeitintervall von genau 20 s zu reproduzieren — es handelt sich also eigentlich um die Schätzung des Zeitintervalls von 1 s — und dieses Experiment jeweils 20mal zu wiederholen. Interessante Zusammenhänge ergaben sich zwischen Abweichungen der *Zeitschätzung* und der jeweiligen Frequenz der Biopotentiale des Gehirns (EEG, insbesondere Alpha-Rhythmus). Die Versuchspersonen unterschätzten das vorgegebene Zeitintervall bei Frequenzzunahme der Hirn-Biopotentiale, sie überschätzten es bei einer Frequenzabnahme, z. B. statt 20 s objektiv: 18,2 bzw. 21,6 s. TITOW fand eine große Konstanz der Zeit-

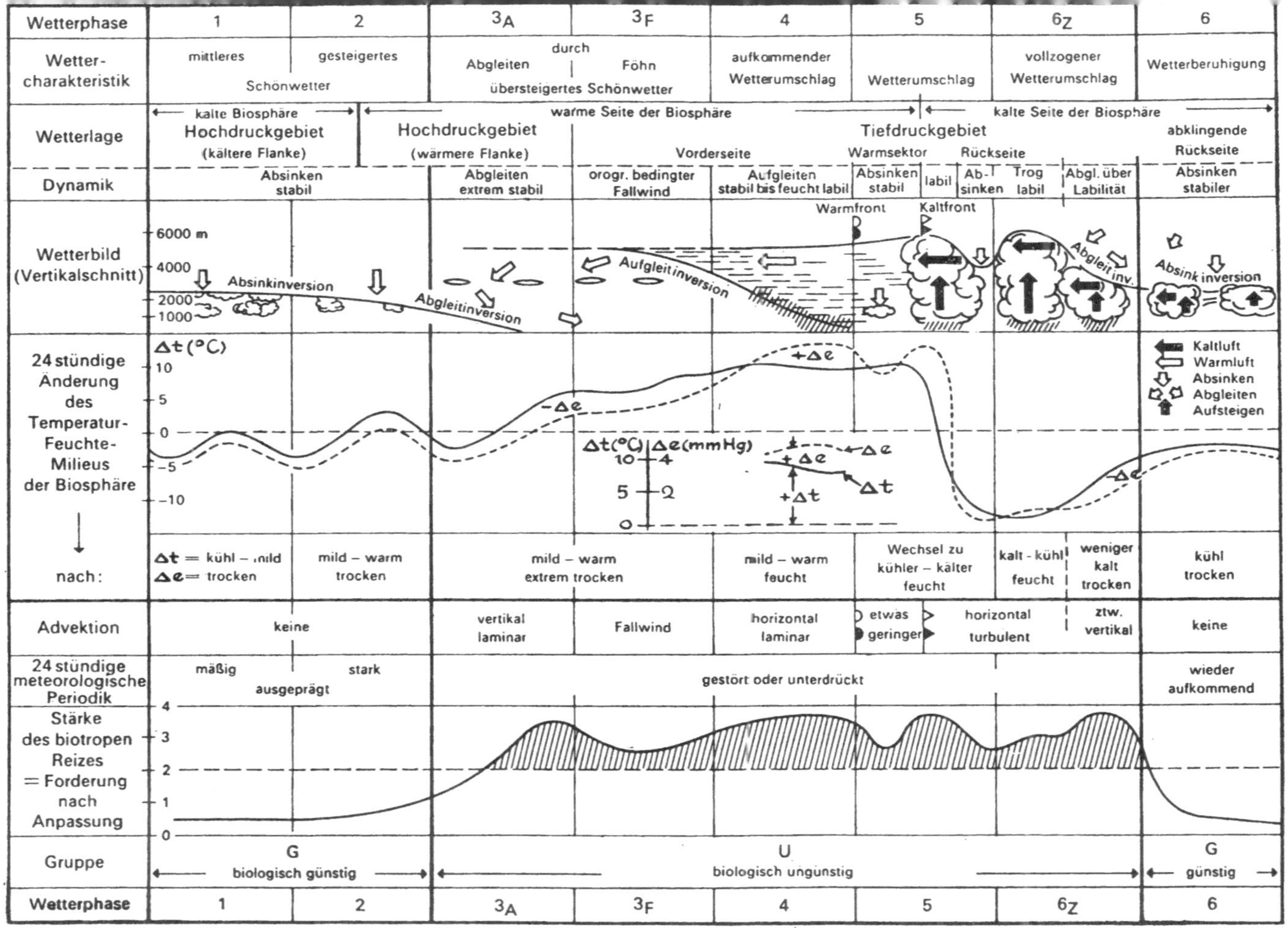

Abb. 21. Einteilung der Wetterphasen nach der Bad Tölzer Mezhode. Nach: Ungeheuer und Brezowski [57]

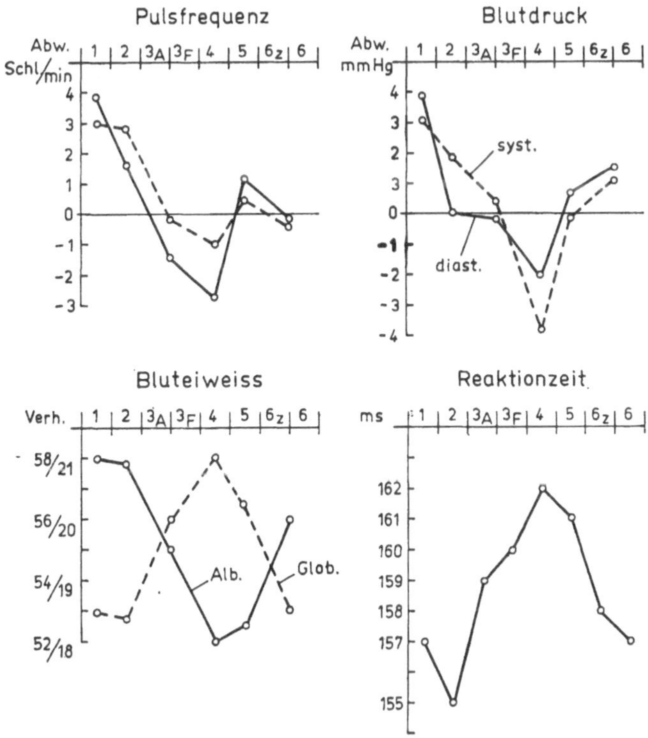

Abb. 22. Physiologische und psychologische Parameter und Wetterphasen. Zusammengestellt nach: KÜGLER [35]

schätzung im Kosmos gegenüber wesentlich deutlicheren Variationen unter irdischen Bedingungen.

LAUTERBACH hat in den Jahren 1971/72 immer zur gleichen Zeit und unter gleichen Bedingungen diese Prozedur (Zählen bis 20 und Bestimmung der Zeit mittels Stoppuhr) täglich durchgeführt und nachträglich die erhaltenen Meß-Mittelwerte mit den bekannten Wetterphasen (s. o. Abb. 21, aber ohne 3_F und 6_Z) in Beziehung gesetzt. Die Ergebnisse sind in Abb. 23 dargestellt. Es darf erwähnt werden, daß solche Eigenbeobachtungen, wenn sie von der Versuchsperson kontrolliert und unter Einhaltung vergleichbarer Bedingungen durchgeführt werden, im allgemeinen sehr signifikante Ergebnisse liefern können.

In Abbildung 24 sind einige biologische Ereignisse in ihrer Verteilung auf die Wetterphasen dargestellt: *Geburts- bzw. Wehenbeginn* (3755 Fälle),

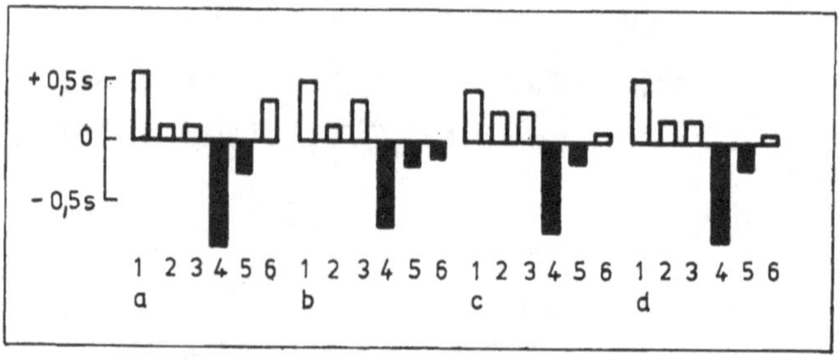

Abb. 23. Mittel der vielfachen Reproduktion eines 20 s-Intervalls (täglich einmal) unter stets analogen Bedingungen. Die Ergebnisse sind nach Wetterphasen gegliedert (nicht ganz übereinstimmend mit Abb. 21, Phase 4 = Durchzug eines Tiefdruckgebietes) über die angegebenen Zeiträume gemittelt und die Abweichungen vom Mittelwert aufgetragen. a, b, c = Beobachtungen im Sommer/Winter/Sommer 1971/72, d = Mittel aus allen Beobachtungen. Nach: LAUTERBACH [36]

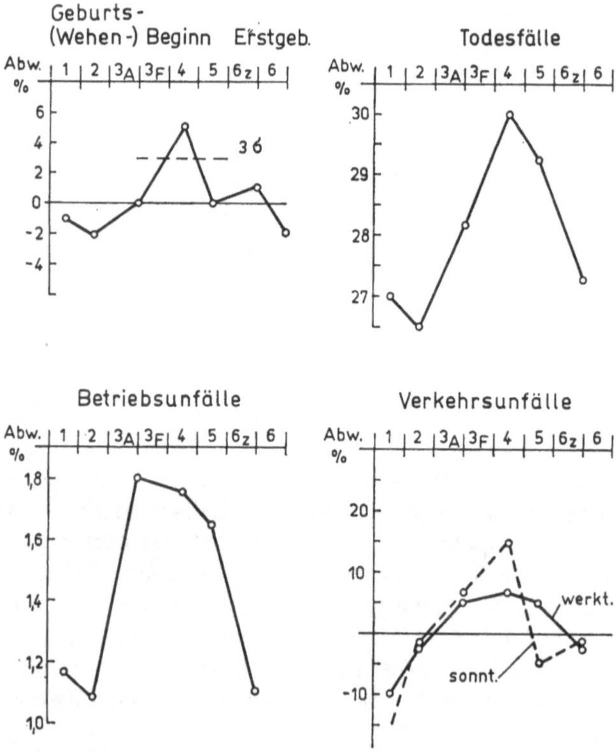

Abb. 24. Biologisch bedeutsame Ereignisse und Wetterphasen. Zusammengestellt nach: KÜGLER [35]

Eintritt des Todes (40417 Fälle), *Betriebsunfälle* (3700 in 20 Millionen Arbeitsstunden) und *Verkehrsunfälle* (werktags und sonntags). Abbildung 25 schließlich bringt die zeitliche Zuordnung des Eintretens bzw. Beginns bestimmter Krankheitszustände zu den Wetterphasen: *Scharlach, Thrombosen, Herzinfarkt, Durchbruch von Geschwüren* am Magen und Zwölffingerdarm. Die Spasmenbereitschaft bei Gallen- und Nierenkoliken kulminiert demgegenüber nicht in der biologisch belastendsten Phase 4, sondern in anderen Wetterphasen, nämlich in 3 und 6_Z.

Auch die *Wirkungen des Wetters* erfolgen in der Hauptsache *über das vegetative Nervensystem und das hormonale System* des Körpers. Unter-

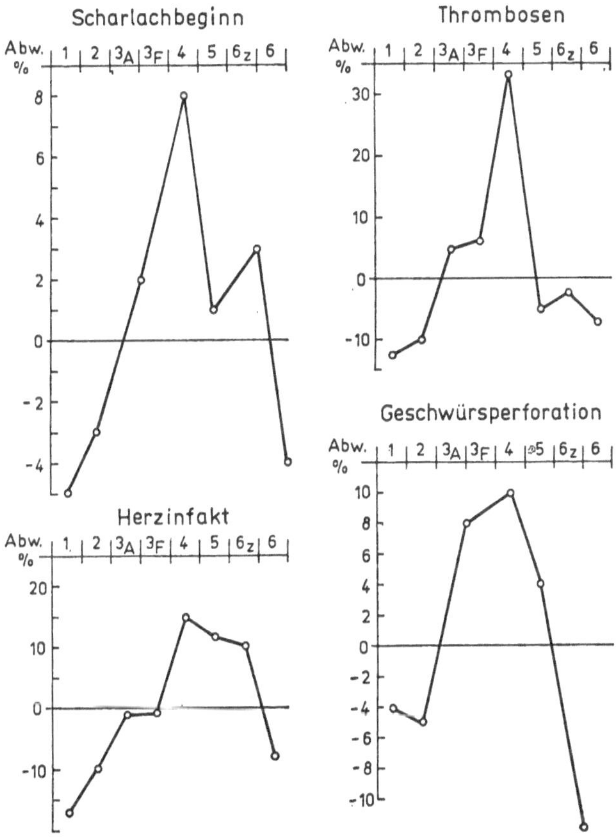

Abb. 25. Eintritt von Krankheiten und Wetterphasen. Zusammengestellt nach KÜGLER [35]

suchungen von STRAUBE und Mitarbeitern [55] um 1950 haben durch Testung der Gleichgewichtslage im vegetativen Nervensystem mittels elektrophoretisch in die Haut eingeführten Acetylcholins bzw. Adrenalins die Gültigkeit der oben beschriebenen *Dreiphasenschaltung* nachgewiesen. Eine parasympathische Übereregbarkeit fand sich meist 5—6 Stunden vor einem Frontendurchgang; danach nahm die sympathische Reaktion zu, erreichte 5—6 Stunden nach dem Frontendurchgang ein Maximum und hielt in einigen Fällen 16 bis 30 Stunden an. Der Zustand der *Amphotonie*, des Übererregungszustandes beider Partner, bleibt noch längere Zeit bestehen. Dabei ist auch der *Ausgangszustand*, in welchem die Wetterbelastung den Organismus trifft, gemäß der WILDERschen Ausgangswert-Regel von Bedeutung. So ist z. B. denkbar, daß bei rascher Folge biotroper Wetterabläufe mit primär parasympathikotoner Wirkung diese durch Überstrapazierung in eine sympathikotone Reaktionslage umschlagen kann (paradoxer Effekt). Auch bei extremen Ausgangslagen können unvorherzusehende Wirkungen eintreten; diese sind also von der Vorgeschichte abhängig, und es ist von vornherein nicht zu erwarten, daß meteorotrope Effekte bei allen Menschen gleichartig und gleichzeitig auftreten. Immerhin lehrt die Erfahrung, daß im statistischem Durchschnitt Effekte akuter und energischer Wettereinflüsse viele Menschen eines geographischen Gebietes betreffen.

Wir müssen gewärtig sein, daß unsere *gesamte Leistungs- und Reaktionsbereitschaft* in bestimmten Wettersituationen in Mitleidenschaft gezogen ist und uns weniger anpassungsfähig macht. Wir neigen an solchen Tagen zu Fehlhandlungen; man denke etwa an die dann gehäuften „Versprecher" von Rundfunkansagern. Wir unterliegen Fehlinterpretationen unserer Umwelt; im Verhalten zu unseren Mitmenschen sollten wir vorsichtig sein; es gibt Tage, an denen sich im Betrieb alle aneinander reiben, ohne daß ein eigentlicher Grund erkennbar wäre. Wir sollten noch aufmerksamer als sonst im Straßenverkehr sein und mit Fehlhandlungen anderer Teilnehmer rechnen. Große physische und psychische Strapazen sollten wir an solchen Tagen vermeiden und nicht gerade lebenswichtige Entscheidungen zu erzwingen suchen. Vor allem der kranke und schlecht stabilisierte Mensch wird in seinem Befinden vom Wetter oft unangenehm beeinflußt. Es ist bekannt, daß Rheumatiker bei bestimmten Witterungslagen stärker über Schmerzen in Gelenken und Muskeln klagen, Amputierte über Schmerzen in den Amputationsstümpfen und Operierte über ziehende Schmerzen in den Operationsnarben. Weit verbreitet ist schließlich die Kenntnis, daß manche Pflanzen und Tiere Wetterveränderungen vorher erkennen und anzeigen können, gewissermaßen als Wetter„propheten". Man darf also allgemein von einer „*Wetterfühligkeit*“ des Menschen, der Tiere und der Pflanzen sprechen.

Wir konnten am Leipziger Physiologischen Institut mit Hilfe der sehr empfindlichen Indikatormethode der *Pupillographie* diese Abhängigkeiten bestätigen und neue Erkenntnisse gewinnen. Andere Beobachtungen über vermehrte 17-*Ketosteroidausscheidung* im Harn beweisen, daß auch das Hypophysen-Nebennierenrinden-System an der Überwindung eines meteorologischen Stress teilnimmt. Da nach MARK das vegetative System des Körpers aber gewissermaßen das „Parkett“, den unspezifischen Hintergrund darstellt, auf dem sich die Krankheiten abspielen, wird die meteorologische Auslösung von Krankheitszuständen verständlich.

9. Die Beziehungen zwischen geophysikalischer Umwelt und dem Menschen sind bis jetzt im wesentlichen *einseitiger* Natur. Der Einfluß z. B. des Wetters auf den Menschen steht außer Frage, ohne daß wir deshalb in eine „Wetter-Hysterie“ verfallen müßten. Der Einfluß des Menschen auf das Wetter hingegen ist bis heute noch relativ bescheiden. Wohl kann man unter günstigen Umständen es einmal künstlich regnen lassen, doch hat es sich gezeigt, daß *weiterreichende Eingriffe* in das Wettergeschehen zumindest mit der Aufwendung ungeheurer großer Energien verbunden wären. Ob dies zum Wohle der Menschheit gereichen würde, ist eine offene Frage. Wahrscheinlich würden solche Eingriffe in den geophysikalischen Haushalt der Natur Wirkungen heraufbeschwören, die wir — wie sich in anderen Fällen erwiesen hat — nicht voraussehen und die uns in größte Schwierigkeiten bringen können. Hinsichtlich der Anpassungsfähigkeit des Menschen an sich ändernde geophysikalische Bedingungen dürfen wir relativ optimistisch sein; wie die Evolution zeigt, ist die Adaptationskapazität des Menschen beträchtlich, keineswegs erschöpft und dürfte auch in der Zukunft wirksam sein. Dies gilt sicherlich nicht für die sog. „Umweltverschmutzung“, die uns heute so große Sorgen bereitet und die im wesentlichen chemischer Natur ist; darauf sind wir in unserem Thema nicht eingegangen. Wegen der schweren Noxen scheint aber hier eine eigentliche Anpassung nicht möglich zu sein, und es droht Vernichtung von Leben. Während wir die bessere Kenntnis biologisch-geophysikalischer Gesetzmäßigkeiten zum Wohle des Menschen, zur Optimierung der Lebensbedingungen auch für die sog. „Entwicklungsländer“ einsetzen können, muß gegenüber der chemischen Umweltentstellung die Aufgabe in einer konsequenten Abwehr der von allen erkannten Gefahren bestehen.

LITERATUR

[1] ANKERMÜLLER, F. M.: Biologische Rhythmus-Beeinflussung durch das Wettergeschehen. In: Reports 5th Confer. Soc. Biol. Rhythm, Stockholm 1961, S. 36

[2] ASCHOFF, J.: Diurnal Rhythms. Ann. Rev. Physiol. **25**, 581 (1963)

[3] ASSMANN, D.: Die Wetterfühligkeit des Menschen. Jena 1963

[4] BARBASHOVA, Z. I.: Cellular level of adaptation. In: Handbook of Physiology, Section 4: Adaptation to Environment, Washington 1964, p. 37—54

[5] BENOIT, J.: Rôle de l'oeil et de l'hypothalamus dans la stimulation par les radiations visibles des glandes génitales chez les oiseaux. Ann. oculistique **191**, 1—14 (1958)

[6] BERG, H.: Wetter und Krankheiten. Bonn 1948

[7] BERG, H.: Solarterrestrische Beziehungen in Meteorologie und Biologie. Leipzig 1957

[8] BJERNER, B., A. HOLM and A. SWENSSON: Brit. J. industr. Med. **12**, 103 (1955)

[9] BREZOWSKY, H.: Der Einfluß des Wetters auf den Organismus. Materia medica Nordmark 1961

[10] CANNON, W. B.: The Wisdom of the Body, London 1932

[11] Circadian Clocks. Proceedings of the Feldafing Summer School 1964, Editor: J. ASCHOFF. Amsterdam 1965

[12] CONROY, R. T. W. L., and J. N. MILLS: Human Circadian Rhythms. London 1970

[13] CURRY, M.: Bioklimatik. Bd. 1 und 2. Riederau/Ammersee 1946

[14] DEXTER, E. G.: Weather influences. New York 1904

[15] DRISCHEL, H.: Biologische Rhythmen. Sitz. Ber. d. Sächs. Akad. d. Wiss. Berlin 1972

[16] DRISCHEL, H., H. LÖFFLER, N. TIEDT und KL.-D. WEGENER: Der Einfluß der Umgebungstemperatur und Luftfeuchtigkeit auf das Pulsfrequenzverhalten gesunder Menschen beim Aufstehversuch. Verhdl. Dt. Ges. exp. Med. Bd. **18**, 159—165 Berlin 1967

[17] FORSGREN, E.: Über die Rhythmik der Leberfunktion. Stockholm 1935

[18] GOTTSCHALK, K. und N. TIEDT: Das Pulfrequenz- und Blutdruckverhalten von Trainierten und Untrainierten bei submaximal dosierter Belastung unter verschiedenen Klimaeinflüssen. Verhdl. Dt. Ges. exp. Med. Bd. **18**, 101—108 Berlin 1967

[19] HALBERG, F.: Chronobiology. Ann. Rev. Physiol. **31**, 675 (1969)

[20] HARANG, L.: Oscillations and vibrations in magnetic records at high-latitude stations. Terr. mg. **41**, 329 (1936)

[21] HELLPACH, W.: Geopsyche. Stuttgart 1950
[22] HESS, W. R.: Die funktionelle Organisation des vegetativen Nervensystems. Basel 1948
[23] HEYER, E.: Witterung und Klima. Eine allgemeine Klimatologie. Leipzig 1972
[24] HILDEBRANDT, G.: Rhythmus und Regulation. Med. Welt **2,** 73 (1961)
[25] HOFF, F.: Klinische Physiologie und Pathologie. Stuttgart 1953
[26] HOLLWICH, F.: Der Einfluß des Augenlichts auf die Regulation des Stoffwechsels. Auge und Zwischenhirn. Beihefte der klin. Augenheilk. **23** (1955)
[27] ISRAEL, G.: Einführung in die Geophysik. Berlin—Heidelberg—New York 1969
[28] JACOBS, J. A.: Geomagnetic Micropulsations. Berlin—Heidelberg—New York 1970
[29] KEIDEL, W. D. (Herausg.): Kurzgefaßtes Lehrbuch der Physiologie. 2. Aufl. Stuttgart 1970
[30] KERTZ, W.: Einführung in die Geophysik. Mannheim—Wien—Zürich Bd. 1 (1969), Bd. 2 (1971)
[31] Klimaphysioloigsche Untersuchungen in der Schweiz (herausgegeb. von A. v. MURALT u. A. FLEISCH). 1. Teil Basel 1944, 2. Teil Basel 1948
[32] Klima-Wetter-Mensch (herausgegeb. von A. SEYBOLD u. H. WOLTERECK). Heidelberg 1952
[33] KOEPPEN, H.: Grundriß der Klimakunde. Berlin 1931
[34] KRUEGER, A. P. and R. F. SMITH: An enzymatic basis for the acceleration of ciliary activity of negative air ions. Nature **183,** 1332/3 (1959)
[35] KÜGLER, H.: Medizinische Meteorologie nach den Wetterphasen. München 1972
[36] LAUTERBACH, R.: Mensch und geophysikalische Umwelt. Einfluß geophysikalischer Faktoren auf den Menschen. Wissensch. u. Fortschr. **23,** 540—546 (1973)
[37] LINKE, F.: Das Wetter vom Standpunkt der Luftkörperanschauung. In: LAMPERT: Heilquellen und Heilklima. Dresden und Leipzig 1934
[38] LINKE, F.: Die physikalischen Grundlagen der Bioklimatologie. Arch. Gynäkol. **164,** 307 (1936)
[39] MENZEL, W.: Menschliche Tag-Nacht-Rhythmik und Schichtarbeit. Basel—Stuttgart 1962
[40] MISSENARD, A.: L'homme et le climat. Paris 1937
[41] NETTER, F. H.: The CIBA collection of medical illustrations. Vol. I, Nervous system (1958)
[42] NIPPOLDT, A.: Erdmagnetismus, Erdstrom und Polarlicht. Berlin 1929
[43] PETERSEN, W. F.: Man, weather and sun. Springfield/Ill. 1947
[44] PICCARDI, G.: Symposium internationale sur les relations entre phénomènes solaires et terrestres en chimie-physique et en biologie. Brüssel 1960, 9
[45] PRESMAN, A. S.: Electromagnetic fields and life. New York—London 1970
[46] PROSSER, C. L.: Perspectives of Adaptation: Theoretical Aspects. In: Handbook of Physiology. Section 4: Adaptation to Environment, Washington 1964
[47] REINDERS, H.: Mensch und Klima. Klima, Klimaphysiologie, Klimatechnik. Düsseldorf 1969
[48] REITER, R.: Meteorologie und Elektrizität der Atmosphäre. Leipzig 1960
[49] RENSING, L.: Biologische Rhythmen und Regulation, Stuttgart, Jena 1973

[50] ROHRACHER, H.: Neuere Untersuchungen über biologische Mikroschwingungen. Anz. phil. histor. Kl. d. Oesterr Akad. d. Wiss. **9**, 153 (1952)

[51] RUDDER, B. DE: Grundriß einer Meteorobiologie des Menschen. Berlin—Göttingen—Heidelberg 1952

[52] SELYE, H.: Einführung in die Lehre vom Adaptationssyndrom. Stuttgart 1953

[53] SIMPSON, G. G.: Kosmische Aspekte der organischen Evolution. Naturwiss. Rundsch. **21**, 425—434 (1968)

[54] SOLLBERGER, A.: Biological Rhythm Research. Amsterdam—London—New York 1965

[55] STRAUBE, G.: Die Erfassung vegetativ-nervöser Reaktionsänderungen unter dem Einfluß von Wettervorgängen. Arch. physikal. Ther. **3**, 24—30 (1951)

[56] TROMP, S. W.: Medical Biometeorology, Amsterdam 1963

[57] UNGEHEUER, H.: Über eine Methode zur kontinuierlichen Erfassung der biologischen Wetterwirkung. Fortschr. Med. **69**, 285 (1951)

[58] VANGEROW, E. F.: Erdatmosphäre und Stammesgeschichte. Naturw. Rdsch. **20**, 152—154 (1967)

[59] WACHSMUTH, G.: Erde und Mensch. Dornach (Schweiz) 1965.

SITZUNGSBERICHTE DER SÄCHSISCHEN AKADEMIE DER WISSENSCHAFTEN ZU LEIPZIG

MATHEMATISCH-NATURWISSENSCHAFTLICHE KLASSE

Band 107

Heft 1 Prof. Dr. OTT-HEINRICH KELLER, Die Homologiegruppen der Flächen 3. Ordnung 1965. 15 Seiten — 8° — M 2,30

Heft 2 Prof. Dr. FRANZ RUNGE, Grignard und die nach ihm benannte Synthese 1966. 17 Seiten — 3 Abbildungen — 8° — M 2,30

Heft 3 Prof. Dr. KARL SCHMALFUSS, Zur Kenntnis der Bodenbildung 1966. 13 Seiten — 4 Tabellen — 8° — M 1,40

Heft 4 Dr. BODO RENSCHUCH, Verallgemeinerungen des Bezoutschen Satzes 1966. 41 Seiten — 8° — M 4,50

Heft 5 Prof. Dr. med. ROLF EMMRICH, Realität und Theorie des Alterns 1966. 20 Seiten — 9 Abbildungen — 8° — M 2,60

Heft 6 Prof. Dr. WILHELM MAIER, Nichteuklidische Volumina 1967. 20 Seiten — 16 Abbildungen — 8° — M 2,80

Heft 7 Dr. LOTHAR VON WOLFERSDORF. Zur Berechnung optimaler Strategien für Spiele über dem Einheitsquadrat mit an der Hauptdiagonalen unstetigen Auszahlungsfunktionen 1968. 53 Seiten — 8° — M 5,70

Band 108

Heft 1 Prof. Dr. PAUL GÖRLICH/Dipl.-Phys. DETLEF GÜLDNER/Dr. HANS-JOACHIM POHL, „Elektronische Spektralmessung“ mit steuerbaren Photovervielfachern 1967. 12 Seiten — 9 Abbildungen — 1 Tabelle — 8° — M 2,10

Heft 2 Prof. Dr. MANFRED GERSCH, Neuroendokrinologie der Insekten 1968. 33 Seiten — 12 Abbildungen — 1 Kunstdrucktafel — 8° — M 4,—

Heft 3 Prof. Dr. HASSO ESSBACH, Die Bedeutung der Morphologie in der Heilkunde 1968. 16 Seiten — 1 Textabb. — 13 Abb. auf 8 Kunstdrucktaf., davon 11 vierfarbig — 8° — M 12,80

Heft 4 Prof. Dr. OTT-HEINRICH KELLER, Über eine Definition von S. Lefschetz in der topologischen Schnittheorie 1969. 29 Seiten — 1 Abb. — 8° — M 4,—

Heft 5 Prof. Dr. WOLFGANG TUTSCHKE, Das Reziprozitätstheorem für eine Klasse pseudoholomorpher Funktionen mehrerer komplexer Variabler 1969. 19 Seiten — 8° — M 3,30

Heft 6 Prof. Dr. WALTHER BREDNOW, Vom Lavater zu Darwin 1969. 31 Seiten — 14 Abbildungen im Anhang — 8° — M 5,50

Heft 7 Prof. Dr. FRANZ RUNGE, Organische Disulfimide in Wissenschaft und Technik 1970. 24 Seiten — 2 Abbildungen — 8° — M 3,60

Band 109

Heft 1 Prof. Dr. ERICH RAMMLER, Über die Theorien der Braunkohlenbrikettentstehung. 1970. 38 Seiten — 13 Abb., davon 2 auf 2 Tafeln — 8° — M 4,—

Heft 2 Prof. Dr. WOLFGANG TUTSCHKE, Stammfunktionen komplexwertiger Funktionen 1970. 20 Seiten — 8° — M 3,70

Heft 3 Dr. habil. GÜNTHER EISENREICH, Zur Syzygientheorie und Theorie des inversen Systems perfekter Ideale und Vektormodule in Polynomringen und Stellenringen 1970. 88 Seiten – 8° – M 11,–

Heft 4 Prof. Dr. med. ROLF EMMRICH, Hochdruck und Hyperlipidämie (Hypercholesterinämie) als Risikofaktoren für die Entstehung der Arteriosklerosen 1971. 23 Seiten – 10 Abbildungen – 4 Tabellen – 8° – M 3,90

Heft 5 Prof. Dr. HANS DRISCHEL, Biologische Rhythmen 1972. 57 Seiten – 31 Abbildungen – 1 Tabelle – 8° – M 6,60 (*vergriffen*)

Heft 6 Prof. Dr.-Ing. Dr. h. c. KURT SCHWABE, Konzentrierte Elektrolytlösungen – Thermodynamische und kinetische Eigenschaften 1972. 49 Seiten – 27 Abbildungen – 2 Tabellen – 8° – M 7,50

Heft 7 Prof. Dr. WOLFGANG TUTSCHKE, Konstruktion von globalen Lösungen mit vorgeschriebenen Singularitäten bei partiellen komplexen Differentialgleichungssystemen 1972. 24 Seiten – 8° – M 4,50

Band 110

Heft 1 Prof. Dr. Dr. h. c. PAUL GÖRLICH, Über die Laser und ihre Anwendung 1972. 24 Seiten – 8° – M 2,30

Heft 2 Prof. Dr. HASSO ESSBACH, Zum Problem der Tumoren im Kindesalter 1972. 24 Seiten – 11 Abbildungen auf 10-Kunstdrucktafeln – 8° – M 6,–

Heft 3 Prof. Dr. med. WALTER BREDNOW, Zur Anthropologie des Schwindels 1973. 17 Seiten – 2 Abbildungen auf 2 Kunstdrucktafeln – 8° – M 2,50

Heft 4 Prof. Dr. h. c. PAUL GÖRLICH, Betrachtungen über den Wissenschaftlichen Gerätebau 1972. 39 Seiten – 8° – M 3,–

Heft 5 Prof. Dr. ERICH RAMMLER, Einige Betrachtungen über Erdgas 1974. 43 Seiten – 8 Abbildungen – 3 Tabellen – 8° – M 4,50

Heft 6 Prof. Dr. GUSTAV E. R. SCHULZE, Zur Rolle des Einfachheitsprinzips im physikalischen Weltbild. 1974. 23 Seiten – 4 Abbildungen – 8° – M 2,50

Heft 7 Prof. Dr. med. ROLF EMMRICH, Zwischen Leben und Tod. Ärztliche Probleme der Thanatologie 1974. 22 Seiten – 2 Abbildungen – 4 Tabellen – 8° – M 3,50

Band 111

Heft 1 Prof. Dr. WILHELM MAIER, Vom Erbe Bernhard Riemanns 1975. 16 Seiten – 8° – M 2,50

Heft 2 Prof. Dr. med. HANS DRISCHEL, Organismus und geophysikalische Umwelt (*Vorliegendes Heft*)

Heft 3 Dr. habil. MARIA HASSE, Zum Begriff des allgemeinen Produkts von Kategorien 1975. 30 Seiten – 8° – M 5,–

Heft 4 Prof. Dr.-Ing. Dr. h. c. KURT SCHWABE, Analytische Probleme des Umweltschutzes 1975. 28 Seiten – 9 Abbildungen – 2 Tabellen – 8° – M 3,50

Heft 5 Prof. Dr. WOLFGANG BUCHHEIM, Die kopernikanische Wende und das Problem der Gravitation 1975. 36 Seiten – 2 dreifbg. Tafeln – 8° – M 5,–

Einzel- oder Fortsetzungsbestellungen durch eine Buchhandlung erbeten
Sitzungsberichte bis Band 106
durch das Zentralantiquariat der Deutschen Demokratischen Republik, Leipzig,
ab Band 107 durch den Akademie-Verlag, Berlin, zum Teil noch lieferbar

AKADEMIE-VERLAG
DDR-108 Berlin, Leipziger Str. 3–4

MIX
Papier | Fördert gute Waldnutzung
FSC® C083411

Zeitfracht Medien GmbH
Ferdinand-Jühlke-Straße 7
99095 Erfurt, Deutschland
produktsicherheit@kolibri360.de